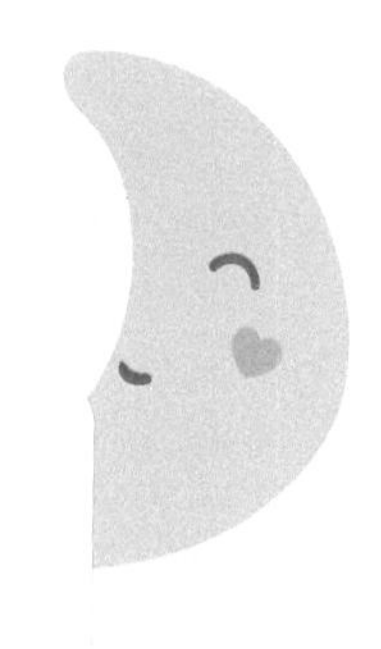

U0130658

嬰兒是愛情的結晶品，
母乳是食物中的極品，
健康是人生的財富，
互助互愛是人生的動力。

每位母親是上天給孩子們的天使，
每位母親都不一樣，
每位孩子也不一樣，
她們是獨一無二的個體。

推薦序一

很高興得悉許美蓮寫的《母乳育嬰手冊》重新出版了，這反映了她的著作非常受歡迎。

我認識美蓮很多年了。她從澳洲與英國學習回港後，就成為香港最早期懂得幫助媽媽成功哺乳的助產士之一。每一次與她見面，我都會細心聆聽她分享的寶貴經驗。她對推廣哺乳非常熱忱，對母親與嬰兒的需要非常了解，接受過她幫助的母親無不感激。

在我所遇見患上細菌性乳腺炎或膿腫的哺乳媽媽當中，發現有不少患者對哺乳心理準備不足，沒有在產前閱讀有關哺乳育兒的書籍，也沒有聽專家講座，因此在遇到問題時就跌跌碰碰，延遲了治療，結果承受着不少苦楚。

為人母親，需要學習哺乳知識，才有信心餵哺嬰孩，並且要懂得預防乳腺堵塞。若自己未能紓緩，應該尋找受過專業培訓的護士、醫生或哺乳顧問幫助。

本書內容精簡易明，插圖精美，而且有很多真實個案，令人百看不厭。我誠意向每一位孕婦推薦。

祝願所有哺乳媽媽都開心快樂，與 BB 同享健康。

梁淑芳
兒科專科醫生

推薦序二

母乳，是媽媽給剛出生的寶寶最佳的禮物。它能提供最天然的營養和抗體，使嬰孩茁壯成長。

對每一位曾經餵哺母乳的媽媽來說，餵哺的經歷是苦也是甜。相信媽媽們都曾感受過熬夜餵寶寶和「泵奶」的勞累：有些母親，因母乳量少而充斥着要不斷去「追奶」的煩惱；另一些卻承受「脹奶」、「堵奶」引致乳腺炎的痛苦。同時間，若寶寶未能順利吸吮母乳，作為母親，的確容易感到沮喪和失敗。

然而，在餵哺母乳的過程中，媽媽除了能與寶寶建立密不可分的關係外，更可看到寶寶飽足的表情，即使再勞苦，一切都變得值得！

餵哺母乳並不是每位媽媽與生俱來的技能，也不能單靠一顆熱心或衝勁就能成事！除了從朋友、專業人士或書本中所獲得的資訊外，還要透過不斷摸索和實踐來累積經驗。

預備餵哺母乳的準媽媽們，可以透過閱讀這書的內容，先汲取當中的知識，然後實踐方可事半功倍。

在此，祝願每位媽媽能夠享受餵哺母乳的珍貴時刻。

梁子昂
婦產科專科醫生

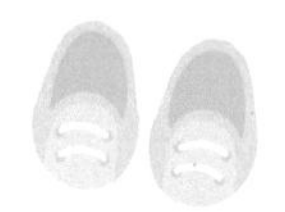

自序

這是我出版的第三本書，在此要先感謝認識我的母親們、醫生及各方好友，一直給予我學習的機會，好讓我分享我所學到的成果。

我想與大家分享撰寫第一本書的因緣。在 1994 年，引發我開始寫些關於餵哺母乳的資料的原因有幾個：當時每次我教完母親授乳方法，再回看檢查，都發現她們做錯，用了錯誤的方式來餵哺新生嬰兒。當時教授新生嬰兒哺乳方法的書本很罕見，令我希望能分享有關資料幫助母親們，例如説明比較常見的問題、徵狀，以及如何紓緩痛楚。書中需要圖片説明，但拍照不太可能，這令我非常煩惱。幸運地遇上 Christine，她擅長畫畫。雖然當年她只有 17 歲，但很快能夠完成十幾幅畫，尤其最後選定為封面的那幅圖，很有意思（它帶出了餵母乳是有喜悦，有煩憂）。在此感謝董小可先生出版這本雙語書——《完全餵哺母乳手冊》。

我由 1988 年開始教母親授乳的工作，教導母親已產生很大壓力，不成功的案例令我很沮喪。但當我完成第一稿，我不自覺地大聲痛哭兩次，把自己的傷感哭訴出來。之後，多年來嚴重的頸背痛開始減輕了九成。

第二本書是在 2000 年開始撰寫，因在上門教授母親們的過程中，發覺自己在知識及經驗上的不足。除了書本上所讀，我每事問，每位母親都是我的老師。漸漸地，把知識集結起來。我把第一本書作為基礎，補充更多哺乳的問題及分享不同的解決方法、育嬰常識等。第二本書出版的因緣，是一位母親聘請我到羅太家中教授產前課程。當完成後，羅德榮先生問我是否想出書，很感謝他們的幫助，於是成就了一本真人發聲書（用 MPR 閱讀筆）的誕生。多謝明報出版社，機緣巧合也讓我再次遇見董小可先生。

2021 年，COVID-19 疫情嚴峻，進入高峰，大家衛生意識提高，剛好令我思考有什麼題材內容可以幫助大家，亦發現好多家庭消毒奶樽方法不正確，令我擔心，所以在一位父親及女兒的幫助下開始拍影片教學。因我們都不是專業，雖有不足之處，但有幸能夠製作一系列的題材分享給大家。當然，傳遞正確訊息是最重要，發布至 28 集，補充了之前書本內容上的不足。其中第 1 至 16 集是關於嬰兒護理，而第 17 集至 28 集是餵哺母乳、常見問題及解決方法等。

第三本書再次由明報出版社協助出版，今次多加入在育嬰幼兒方面的常識，與大家分享我在人生所遇見的經歷，同時希望把我過去 40 年的經驗及知識留給下一代，不要把餵母乳、育嬰智慧失傳了，我自覺全書最重要的是 Q&A，希望你們透過我這本書了解更多實用的知識，再深入了解內容及研究。

特別多謝梁淑芳醫生、梁子昂醫生、李福謙醫生、尹鎮偉醫生、周俊卿醫生、鄔世傑醫生、梁家康醫生、徐行悦醫生、莫漪薇醫生、黃令翠醫生、方幸生醫生、譚一翔醫生、梁赤華醫生、邊毓秀醫生、黃達剛醫生、趙永醫生、陳亮醫生、黃怡淩醫生。另外亦感謝李敏慧小姐為我的 YouTube 教育影片拍攝及剪接，以及吳婉婷小姐在書寫方面指點我。

許美蓮

目錄

1

母乳的重要

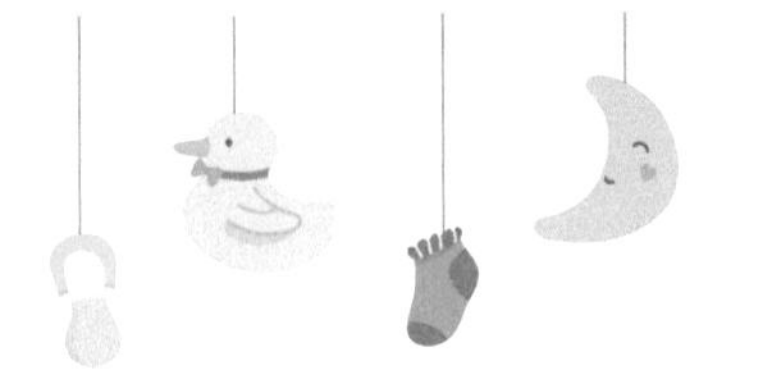

母乳的重要

最初我並不打算寫這篇文章，因為我覺得如果母親們選讀此書，必定早已知道母乳的好處。但當我聽到一位醫生勸他的朋友餵哺母乳時，我立刻改變初衷。他說到目前為止，母乳比任何一種疫苗更能全面地保護嬰兒。我聽了此番話後，認為父母有必要知道「母乳」是給予嬰兒最好的禮物。

母乳對嬰兒的好處

（1）嬰兒腦部發育較佳，因母乳含有幫助腦部發育的營養。

（2）嬰兒會有較強的免疫力，減少疾病感染，如中耳炎、呼吸道感染、傷風、過敏、腹瀉等。

（3）母乳是最安全的食物，因母親身體會因應嬰兒成長所需而自動調節，例如：對於早產嬰兒，母親的乳汁含有較多的抗體和脂肪，以便嬰兒增強對疾病的抵抗能力和加快體重增長。

餵哺母乳對母親的好處

（1）因餵哺母乳會消耗脂肪，故能較快回復體型。

（2）餵哺母乳能增強母子間的互相需要及彼此溝通的情感。

（3）餵母乳的母親，較少機會患上乳癌、卵巢癌及年屆更年期患上的骨質疏鬆症。

（4）時常餵哺母乳，可作為一種天然避孕法，但如時間相隔太久再餵，有可能失效。

切記，母乳是最安全的食物，它有適當的溫度及成分。餵哺母乳能節省花在清洗、消毒奶瓶和調配奶粉的時間，亦不會浪費食水。最重要的是，母親清楚自己給予嬰兒的是什麼食物。

因此，餵哺母乳不單對母子有益，更是環保的行動，不必浪費消毒所用的化學物料，不會污染土地，亦不必使用奶瓶與奶嘴等物件。總而言之，餵哺母乳對母親及嬰兒，甚至是環境，均有莫大益處。

了解嬰兒的需要

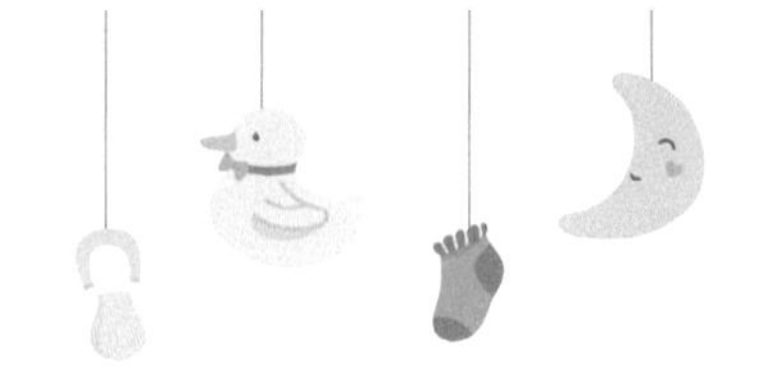

認識嬰兒的身體語言

初生嬰兒的正常特徵

體重：6 至 8 磅（2.8 至 3.6 公斤）（首星期收水 10%）

身體：頭比其他身體部分大，肚子比胸部大，四肢彎曲，乳房可能有少許脹大，女孩子可能有經血

眼睛：可能有一點點血絲

皮膚：粉紅色、一點點脫皮、胎記、胎毛

肚臍：臍帶在出生後 8 至 15 天才會脫落

先天性反射

嬰兒在 0 至 3 個月是成長階段的信任期，專家指出嬰兒會利用簡單的方法去表達自己的需要，例如他們想別人抱便會發出哭聲，漸漸他們就會發覺想別人抱便要哭，即由反射動作轉變為有目標的自發行為。

日常照顧嬰兒已令父母不勝負荷，很多父母都忽略了子女日常的細微行為。其實嬰兒有很多不同的先天反射行為，嬰兒的成長及學習旅程就是由反射行為開始，這些反射行為代表嬰兒的身心健康地成長。若細心觀察初生嬰兒，便會發現他們的手腳動作都屬於先天反射行為。

先天反射行為	行為月齡
抓緊反射 (grasping)	3 至 4 個月
驚跳反射 (startling)	3 至 4 個月
眨眼反射 (blinking)	長久
啼哭反射 (crying)	長久
覓食反射 (rooting)	3 至 4 個月
吸吮反射 (sucking)	4 至 7 個月
吞嚥反射 (swallowing)	長久
踏步反射 (stepping)	2 至 3 個月
噴嚏反射 (sneezing)	長久
咳嗽反射 (coughing)	長久
打嗝反射 (hiccups)	長久

❶ 保護性反射

抓緊反射： 當你將手指放在嬰兒的手掌中，他會很快地緊握着你的手指；當他接觸到你的衣服時，也會抓着不放。

驚跳反射： 這種反射行為是大腦神經系統未成熟的反射，會於嬰兒 3 至 4 個月大後漸漸消失。嬰兒會因突然發出的聲響而受到驚嚇，將雙手向外張開，很多時候甚至哭喊起來。因此，父母宜用被子包裹初生的嬰兒，或用小袋子盛着米粒，放

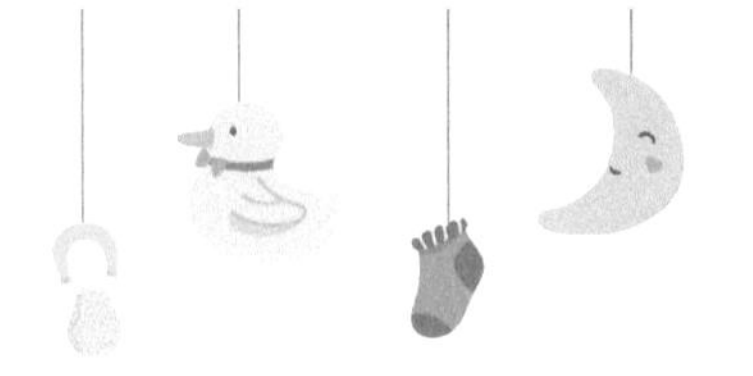

於嬰兒近腹部的位置，讓他們感到安全。不過，切記不要在嬰兒身上放小枕頭，以防嬰兒移動身體時，枕頭壓着臉部導致窒息。

眨眼反射：當嬰兒的眼睛接觸強光刺激，眼睛會自然地眨合，例如為嬰兒拍照時，他會因接觸強光而眨眼睛。

啼哭反射：啼哭是嬰兒的語言之一，他會因肚子餓、不安、不適等而啼哭，藉此表達自己的感受。當嬰兒漸漸長大後，啼哭的情況會逐漸減少。

❷ 進食性反射

覓食反射：如你嘗試用手撫摸嬰兒的口角，嬰兒會迅速地轉過頭來，張開嘴巴找食物吃，這是他的自然反應，更可以藉此鍛煉頸項的肌肉。所以，當你抱着嬰兒時，如被子接觸到嬰兒的口角，嬰兒也會表現出一副肚子餓的樣子，頭部及嘴巴不停擺動，但這種反射行為並不表示嬰兒肚子餓。當嬰兒肚子真正餓時，嘴巴會上下左右地移動來尋找食物，手也會不期然地放進口裏吸吮。

吸吮反射：不論以母乳或奶粉餵哺嬰兒時，嬰兒都會自動吸吮。當手指、衣物等接觸到嘴巴，嬰兒也會自然地吸吮起來。

吞嚥反射：這個反射行為可以分為兩個階段。初生嬰兒吞嚥奶水及進食固體食物的能力有所不同，因此有部分嬰兒可能於 6、7 個月後才肯進食固體食物。

感覺官能

嬰兒的感覺官能分為視覺、聽覺、嗅覺、味覺及觸覺（手、口）五大類。父母如何透過各種方式協助嬰兒感官發展？如何透過不同的方法刺激嬰兒腦部發展？事實上，父母種種行為都會影響嬰兒日後的智能及行為的成長發展。

餵哺母乳對嬰兒的成長非常重要，是嬰兒日後感官發展的第一種方式。以下以餵哺母乳為例，看看餵哺母乳對嬰兒視覺、聽覺及觸覺上的發展有哪些幫助。

❶ 餵哺母乳對嬰兒視覺發展的幫助

初生嬰兒只能看到 9 至 12 吋範圍內的影像，顏色只有黑與白兩種，以及由光產生的影子。在餵哺母乳時，嬰兒的眼睛剛好看到母親的面孔，他們尤其喜歡觀看母親的黑白眼睛。從我日常的觀察發現，很多時候嬰兒會被母親的眼神吸引着，定睛看着。而母親呢？她也會被嬰兒可愛的神情吸引着，這種眼神的接觸是愛的表現，或是母愛的開始。

除了母親的面孔外，嬰兒會看到眼前母親身上的乳暈，顏色暗紅的乳暈是嬰兒找尋食物的方向指標。當嬰兒兩個月大時，他們的視覺能力有所發展，能夠看到比較深的顏色如紅色，視覺距離也不限於眼前的 12 吋範圍，他們甚至可以看到母親的臉部表情及嘴巴。若你以轉動的玩具吸引嬰兒，他們會立即轉過頭來以眼睛搜索物件，從而有助眼睛肌肉的發展，所以掛在牀上的玩具是其中一種刺激嬰兒感官發展的東西。嬰兒兩個月大時，應可看到 2 呎外的東西，故應選購可以調校高低的掛牀玩具。

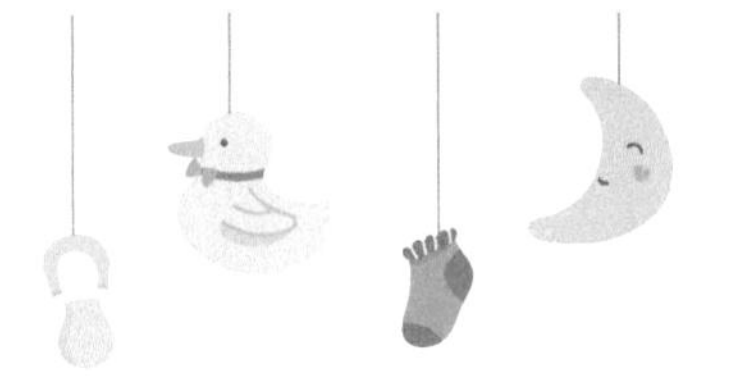

❷ 餵哺母乳對嬰兒聽覺發展的幫助

餵哺母乳時，嬰兒可以聽到母親的心跳及説話的聲音，不但有助嬰兒的聽覺發展，所產生的安全感對將來情緒發展也很有幫助。

❸ 餵哺母乳對嬰兒觸覺發展的幫助

嬰兒手部接觸母親的肌膚所產生的溫暖，是腦部發育的關鍵之一。餵哺母乳時，嬰兒觸摸母親衣服、飾物等，對情緒的穩定、集中力等非常重要。

袋鼠式護理（Kangaroo Care）

早在 1970 年代，袋鼠式護理已開始在南美洲的醫院內進行。因為當地無足夠暖箱給早產嬰兒，有時需要兩至三個嬰兒共用一個暖箱，令細菌或病毒感染率非常高。後來發現利用父母身體的熱力為嬰兒保暖，如袋鼠的方法去孕育下一代，是一種非常成功護理早產嬰兒的方法。將嬰兒放在父母的身體上，透過肌膚與肌膚的緊密接觸，增加嬰兒的安全感。直立式的位置，更對早產嬰兒的呼吸有極大的幫助，能減低感染及死亡率。

袋鼠式護理亦為現今社會帶來很多好處，特別對早產嬰兒，例如：出院率提高、體重增長快、感染率減低、死亡率下降、減低醫院的成本等；對父母也有益處，包括增加父母對照顧嬰兒的信心及增加互相的信任，對餵母乳成功率有幫助等。

結論

母親要注意初生嬰兒面部的表情，如眼睛的轉動及哭聲，因哭聲是嬰兒的語言，用來表達不滿、不舒服的反應等，而吸吮手指也是嬰

兒身體語言重要的一部分。

近年政府已推行初生嬰兒與母親盡早接觸的方案，在嬰兒出生後 1 小時內，就會放在母親腹部進行母乳餵哺；早產嬰兒也會以袋鼠式護理照顧，以加快嬰兒的康復時間，減低父母的壓力及焦慮。

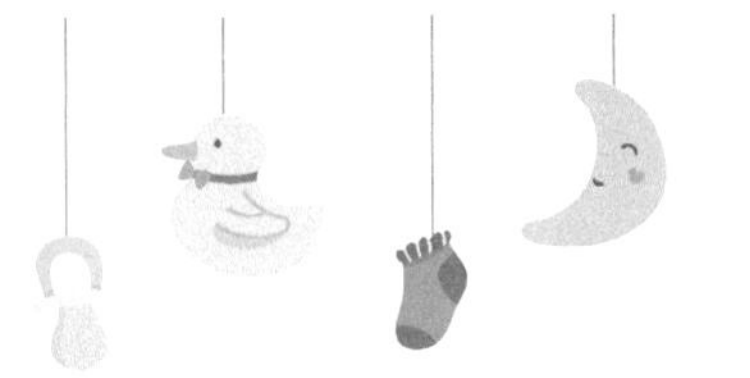

初生嬰兒的行為

為何我要加入這篇文章？這對你餵哺嬰兒是否關係重大？作為一個助產士，我常見到母親因不明白嬰兒的身體語言而驚惶失措，不知如何是好。有些母親接觸到她的嬰兒時，總會現出一副謹慎得如履薄冰的樣子。有母親時常告訴護士，她不知如何摟抱她的嬰兒，不懂怎樣為嬰兒掃風，或為何在餵完奶後嬰兒還會哭。

我希望這篇文章，能幫助母親對自己的嬰兒有更深入的了解，更容易與嬰兒溝通。以下有些內容，是根據我臨牀工作上觀察所得。本篇分為兩部分，分別是初生嬰兒心理與生理的行為。

初生嬰兒的心理行為

嬰兒對母親的聲音、心跳及觸摸都有敏銳的反應。與母親的身體接觸，會給予嬰兒安全感，因此餵哺母乳是最能滿足嬰兒需要的方法，這也顯示為何母親摟抱嬰兒或與嬰兒共睡，嬰兒便能停止哭鬧。再者，嬰兒對周圍環境的改變、觸碰、氣味和聲音都十分敏感，會產生強烈的反應。你有沒有留意到，通常嬰兒從醫院回家的當晚，會哭得較為厲害？這是因為醫院的環境嘈雜，光線明亮，回家後卻變得環境寧靜及光線幽暗，這會令嬰兒產生不安的感覺。

嬰兒是否天生懂得吸吮母乳？

早期餵哺母乳是很重要的。剛出生的嬰兒有較快的學習能力，經過兩三次教導，他們便知道應往何處尋覓食物（乳房），但他們尚未能分辨「乳頭」和「乳暈」，也就是還弄不清楚哪裏是吸吮母乳的正確位置。他們需要母親的指引，故此不厭其煩的反覆教導是非常重要的。

❶ 嬰兒是否熟悉母親的乳頭？

由我觀察所得，嬰兒是不能辨識乳頭的。嬰兒還在子宮內時，只懂得吸吮他們的手指頭，而非乳頭，因此我們必須教導他們從母親的乳房吸吮食物。助產士或母親需要教導嬰兒吸吮正確的部位——乳暈，而非乳房尖端——乳頭，否則會引致乳頭傷痛。此外，有些嬰兒偏愛吸吮其中一邊乳房，只因兩邊乳房的皮膚粗細有別。我們可以指示嬰兒，而不能任其挑選。

再者，母親應該要知道嬰兒吸吮部位正確時，自己會有什麼樣的感覺。那僅僅是最初吸吮的幾口會痛，之後就完全沒有不舒服的感覺，而疼痛的原因是由於嬰兒在最初吸吮母乳時，乳汁突然由乳管湧出所致。如果嬰兒吸吮的部位錯誤——只吸吮乳頭，母親則會痛個不停，此時應立刻將嬰兒的嘴部移離乳房。假使再任由嬰兒繼續吸吮下去，而不採取行動，以下問題便會隨之而來：

（1）造成乳頭受傷，引致疼痛。

（2）這種乳頭傷痛會抑制乳汁流下的速度，即使嬰兒吸吮了很長的時間，也無法吸到母乳（後乳的部分）。

（3）母親不能排空乳汁，引起乳脹之苦。

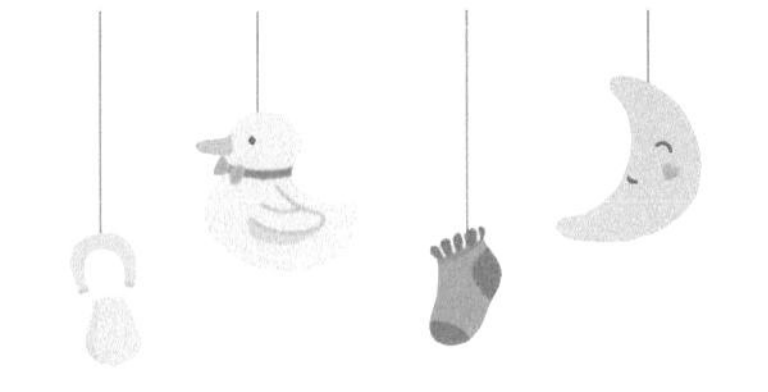

以上種種因素會影響母子雙方對餵哺母乳的感覺，實非快樂的經歷。

❷ 令嬰兒開口吸吮乳房的方法

嬰兒在子宮內時，就能發出一些簡單的聲音，就像是掃風、打嗝或吸吮時產生的聲音。正如我前面提到，嬰兒對乳房或乳頭的所在茫然不知，但我們可利用某種語音或信號去訓練嬰兒尋找。當我教嬰兒張口去吸吮母親乳房時，我會對嬰兒發出簡單的聲音，就像「啊，啊」，也會用手輕輕打開嬰兒口腔，直到嬰兒明白這是表示張口吸吮乳房為止。當我替嬰兒掃風時，我會發出與掃風時嬰兒打嗝相似的聲音，令他明白我在做什麼。

❸ 應否讓嬰兒自己選擇吸吮乳房或奶瓶？

我可以說，可能由於人性偏懶，很多時候嬰兒喜歡用奶瓶，因較不費力，容易吸吮，牛奶也較快流出。假如母乳及奶瓶並用，會否令嬰兒對乳頭混淆不清？如果母親得天獨厚，有一對狀似橡膠奶嘴的乳頭，混淆不清的情況就不至於發生；但如果母親的乳頭扁平，最好先讓嬰兒學會如何吸吮乳房的正確位置。

嬰兒是否懂得耍手段以獲取所需？

是的，他們會哭一段長時間，直到你明白他們的需要為止。在此我要奉勸大家，不要為嬰兒哭而緊張，可試着依循以下疑問，找出真正的原因：

（1）嬰兒是否肚子餓了？

（2）是否嬰兒的尿片濕了？

（3）嬰兒會否因腹部脹氣而不舒服？

（4）嬰兒會否感到太熱或太冷？

當然，嬰兒哭的聲調會因不同情況而異，你需要花些時間去分辨。我們要注意，初生嬰兒哭是一種反射，表示不安，父母不應忽略，可以安撫嬰兒，令他們感覺安全，從而增加互相信任。當嬰兒長至 6 星期大時，才可能被寵壞。

初生嬰兒的體能

原則上，初生嬰兒做得到以下事情：

（1）吸吮的反射動作。

（2）隨之而來的覓食反射：當觸碰嬰兒的面頰時，他會跟着轉動頭部。

（3）嬰兒伏臥於硬牀上時，他會很自然地抬高並移動頭部。（為增強嬰兒頸部的發育，建議每天做 3 次練習，每次做 2 至 3 分鐘；當嬰兒逐漸長大，時間漸增至 5 至 10 分鐘。）

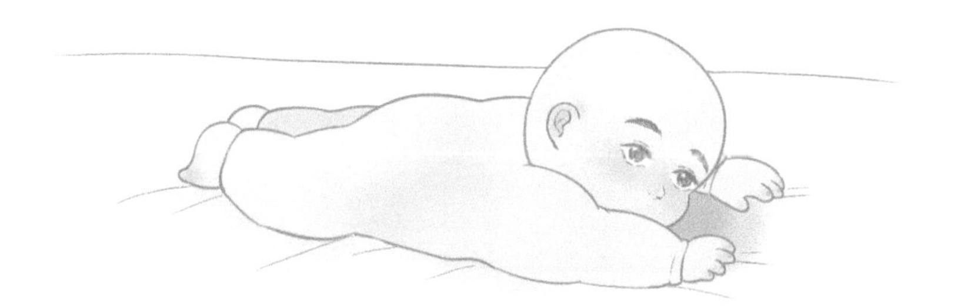

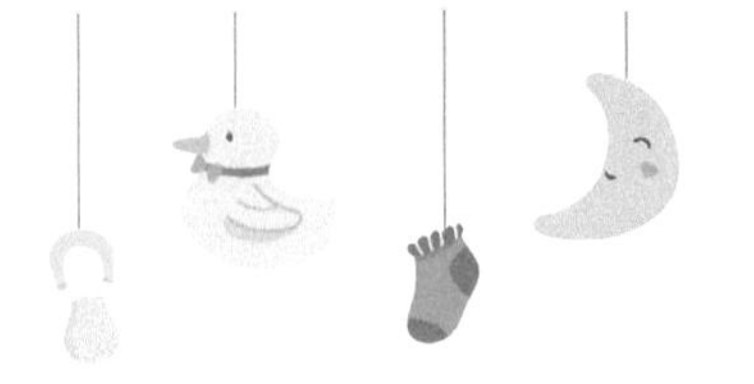

除此之外，嬰兒是完全依賴成年人的幫助去做任何事情的。

倘若母親理解到嬰兒所受之體力限制，便有助其餵哺母乳，因大部分母親錯誤認為，只要把嬰兒抱至接近乳房的位置，嬰兒便能自己找到適當位置吸食，這確實是非常錯誤的觀念。在第 3 章裏，我會教導母親們正確餵哺母乳的方法。

如何與嬰兒溝通

初生嬰兒每天的清醒時間其實很短，日常生活包括進食、睡覺、哭喊等。他們每天都會用眼睛觀看四周的事物，至於他們在看些什麼呢？身為父母的你們又是否知道？

其實，在初生嬰兒的眼中，他們自己也不清楚正在看什麼，這個時候嬰兒只能看見 9 吋至 12 吋距離內黑色及白色的光影，父母通常會發現嬰兒總是喜歡看着有光的方向。

嬰兒出生後的首兩星期，每天的活動就是吃飽了便睡，所以我稱這段時期為嬰兒的「蜜月期」。但沒多久，嬰兒哭喊的時間會增多，常常希望被別人抱。這個時候，父母可能開始感到不安及害怕，不懂如何應付自己嬰兒的需求。若嬰兒不舒服，他們會認為是自己的過錯，如嬰兒常常哭喊一定是自己做錯了什麼事情，想要抱起嬰兒安撫，但同時又害怕會把他寵壞，經常天人交戰。

了解嬰兒哭聲的重要性

了解嬰兒的哭聲其實非常重要，因為哭是一種反射，是他們表達的方法。新任父母應該要多用心及花時間去了解嬰兒哭聲的分別，因為即使是專業人員亦需要時間才能了解嬰兒的需要。對於外出工作的父母，他們可能沒有足夠的時間去了解嬰兒的哭聲，這有可能影響將來雙方的溝通。

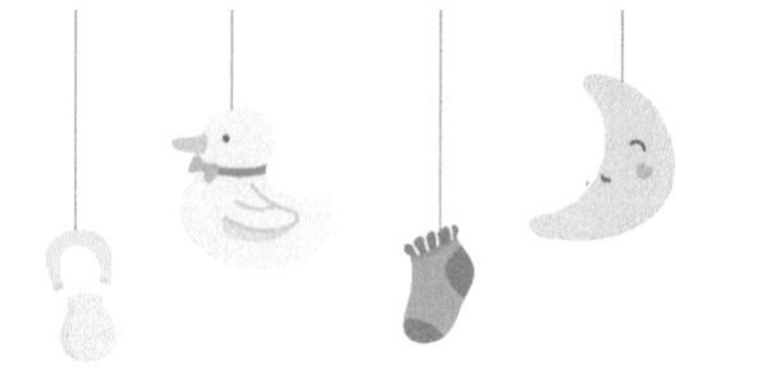

哭聲是嬰兒的語言，父母需要時間學習嬰兒的語言，懂得分辨他們每句「話」的意思。餵哺母乳是其中一種加快了解嬰兒的哭聲及身體語言的方法。當父母明白嬰兒的語言，在溝通方面一定比較容易，這不但會增加雙方的感情，也對嬰兒將來的正常心理成長非常重要及有幫助。究竟什麼原因令初生嬰兒常常哭喊呢？

❶ 肚餓

如何知道嬰兒肚子餓呢？那就要靠身體語言提示了。若差不多到了吃奶的時間，嬰兒大聲哭喊，則可能代表嬰兒真的需要進食了。他們會做出「進食性反射」的動作，如頭部轉動及不停把手放進口裏；若成功把手放進口裏，便會暫時安靜下來，此時便可以準備餵哺母乳。若嬰兒吸吮手指時是一副很陶醉的樣子，千萬不要誤會是肚子餓的提示，這可能只是他們心情愉悦的反射動作，所以我們需要再三細心觀察嬰兒的動作。

❷ 渴睡

初生嬰兒的生活非常規律，吃飽了便睡覺。你可以細心觀察 6 星期或以上大的嬰兒渴睡的動作：當父母抱着嬰兒時，他們喜歡將臉龐輕擦父母的衣服，用手輕擦自己的眼睛及鼻子，或是把手放進嘴裏，緩慢及柔和地吸吮，這是其中一些渴睡的身體語言提示。另一種渴睡的提示是他們的哭聲會斷斷續續，時大時小，這時父母便需留意周圍環境是否影響嬰兒睡眠。渴睡的嬰兒能在熟悉的懷抱（例如媽媽的懷中）很快安睡。

❸ 撒了大便或小便

這種情況非常普遍，因為嬰兒會感到不舒服而哭喊，希望有人為自己清潔乾淨才繼續吃奶或睡覺，不過也有些嬰兒不會因撒了大小便而哭。

餵哺母乳的母親非常容易便知道嬰兒是否撒了大便，但小便則需下點苦功才能找到答案（要看看尿片才知道）。根據我的經驗，很多時候母親對嬰兒撒了大小便的哭聲特別敏感，通常都會猜對。

❹ 感到太熱或太冷

父母需留意嬰兒所穿的衣服或被子是否厚薄得宜，以及房間內的室溫是否合適（冷氣房間宜保持於攝氏 21 至 23 度左右）。父母可用手輕輕撫摸嬰兒的背部，若流汗的話，代表嬰兒太熱；若嬰兒皮膚冰冷，則代表他們感到冷。要注意的是，如嬰兒手腳冰冷，並不代表他們感到冷，因 9 個月前的嬰兒血液循環未完全發展成熟。

❺ 吃得太飽

嬰兒吃得太飽的話，他們的哭聲與肚子餓時差不多，都是很大及很兇，故父母難以察覺。當嬰兒大聲哭喊時，父母總會認為嬰兒吃不飽，反而給他們吃更多奶。有時嬰兒吃得太飽，可能由於父母開調奶粉時出現了問題，如奶粉的分量增多了，容易令嬰兒出現飽脹感；同樣的，有時嬰兒也會喝得太多母乳而飽脹。

怎樣才可以知道嬰兒是否吃得太飽？父母可以這樣做：

（1）檢查嬰兒的腹部是否脹大。

（2）觀察嬰兒的大便，如初生嬰兒一天有 4 次以上黃色大便而又常哭，通常就是吃得太飽的迹象；或如大便較硬及呈現粒狀的話，也可能代表嬰兒吃得太飽，可餵嬰兒喝些熱水（要小心熱水的溫度），幫助腸胃消化。此外，亦要減少餵奶的分量。

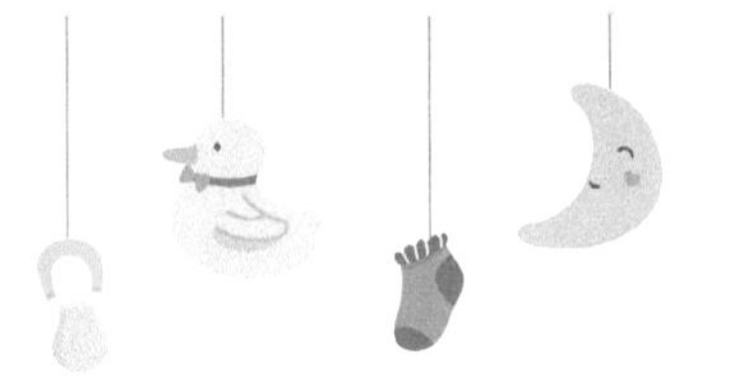

❻ 肚子疼痛

嬰兒肚子疼痛的情況通常發生於 3 至 4 周大左右，可能是嬰兒對奶粉敏感引致。除了肚痛外，亦可能出現皮膚敏感、鼻塞等敏感徵狀。若嬰兒腹部實如硬塊，持續劇烈哭喊，這個時候最好找醫生檢查。

以下介紹幾個簡單的方法，讓父母應付嬰兒肚子痛的情況，不過若情況嚴重的話，當然要諮詢醫生的意見。

（1）為嬰兒按摩肚皮。

（2）給嬰兒洗熱水澡，水溫約為攝氏 40 度，因為熱水可以令嬰兒的腸臟放鬆下來，釋放肚內的氣體，紓緩肚子痛的情況。

（3）中國民間亦有記載，用一隻熟蛋裹一枚純銀硬幣，在肚子附近按摩，據説能去除肚內的「風」。切記，不可同時塗藥油，因藥油的熱力可能灼傷嬰兒的皮膚。

（4）若經醫生檢查後，發現嬰兒肚子痛是因為對奶粉產生敏感反應的話，父母可讓嬰兒轉吃豆奶或其他低敏感度的奶粉。

以我多年的經驗所知，許多東方人都對奶類食品有敏感反應，所以在產前產後，母親不宜飲用奶粉或其他奶類製品，這可減低嬰兒將來肚子痛的機會。

❼ 身體出現毛病

嬰兒有可能出現發燒、鼻塞或乳糖不耐症 (lactose intolerance)，這個時候需諮詢醫生的意見。有乳糖不耐症情況的嬰兒，除了肚子痛外，每次喝奶後約 20 至 30 分鐘就會哭個不停，因為他們的肚內有很多「風」，大便也呈綠色有氣泡的液體。

如何令嬰兒明白父母的話？

增強溝通能夠減低不必要的麻煩和煩惱。父母可以用不同的聲音、動作等去簡單表達意思，必須一致地不斷重複，讓嬰兒習慣及明白意思，例如每次睡覺時播放同一首的輕音樂，讓嬰兒知道是睡覺的時間；嬰兒吃奶後為他們掃風，父母可以不時發出「era era」的聲音，令嬰兒明白需要吐風。待嬰兒成功吐風後，父母需馬上讚美及親吻嬰兒作為鼓勵，所有的動作及習慣必須要重複地做。

如何引導嬰兒學習集中？

每個嬰兒的智能成長都不同，父母可以因應嬰兒的能力，通過遊戲、唱歌、看圖書等方法耐心教導，這樣漸漸能增加嬰兒的集中力和自信心。簡單是最重要的，每次教一種東西，直到孩子明白，才再教下一種。如每次教幾種，會令孩子不明白，之後會影響孩子的學習興趣，所以教學時速度一定要慢，也不要一下子教太多東西。

以下表格可以幫助家長觀察嬰兒習慣，找出嬰兒的性格，找出方法減少他們哭鬧或幫助他們安睡。

安撫原理		方法	嬰兒是否喜歡
觸覺	以觸覺刺激腦部感受區，可以令嬰兒情緒穩定，增加安全感。	按撫	是☐ 否☐
		包布	是☐ 否☐
		布公仔	是☐ 否☐
		衣服	是☐ 否☐
身體搖晃	有節奏的搖晃，讓嬰兒恍如在子宮內的環境，令他們感到平靜。	坐在搖動的椅子	是☐ 否☐
		不同方向搖擺	是☐ 否☐
		坐車的搖動	是☐ 否☐
		坐嬰兒車	是☐ 否☐
吸吮	吸吮是一種與生俱來的本能，能讓嬰兒在腦中產生緩解壓力的反射。	母乳	是☐ 否☐
		手指	是☐ 否☐
		奶嘴	是☐ 否☐
		安全物（如手帕）	是☐ 否☐
聲音	聲音有助嬰兒平靜下來，隔開周圍讓他們煩躁的環境刺激。	輕音樂	是☐ 否☐
		固定頻率的聲音（如風扇聲、風筒聲等）	是☐ 否☐
		母親的心跳聲	是☐ 否☐
視覺	視覺的刺激可以訓練嬰兒的專注力。	看懸掛的旋轉玩具	是☐ 否☐
		某種色彩繽紛的玩具	是☐ 否☐
		焦點（如燈光）	是☐ 否☐

嬰兒過敏症

過敏症是身體的免疫系統對某種東西產生的反應，可能由吸入或接觸某種藥物或食物所引起。新生嬰兒的敏感症多由奶粉引起，如果父母本身有敏感，嬰兒敏感的機會便會增加。

嬰兒過敏症最常見的是皮膚敏感，嬰兒面上有紅疹，或皮膚痕癢、乾燥、紅腫，耳背和耳珠會紅，也會痕癢，甚至滲水。

過敏症的徵狀及後果

部分過敏徵狀如下：

（1）腸胃問題：肚子痛、多風、大便出血

（2）皮膚：濕疹、頭泥

（3）肌肉：肌肉痛（會導致嬰兒時常哭及影響睡眠）、肌肉不協調生長

（4）氣管：鼻敏感、氣管敏感

輕微的過敏症可能引發中耳炎、尿道炎等疾病，嚴重的過敏症可能會影響免疫系統功能。

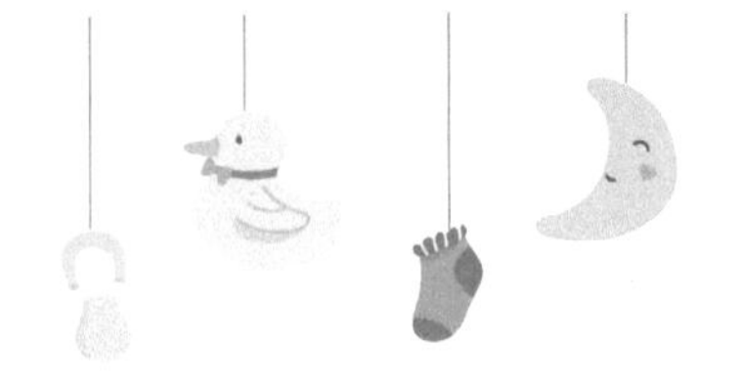

個案分享

❶ 個案一：豆奶 VS 牛奶

兩個月大的嬰兒，吃奶粉。她的哥哥已經 6 歲，從來沒有敏感的問題，但這個嬰兒卻整天哭個不休，進了兩次醫院都找不出問題所在。我在門口已聽到嬰兒淒厲的哭聲，摸她的肚子時發覺很硬實，就像一個小鼓一樣。及後我替她按摩，亦發覺她整個身體都很硬實，不像一般嬰兒的柔軟彈手。於是，我替她洗熱水澡幫助她放鬆。我將這個嬰兒放進熱水中，感覺就如將一塊冰放進熱水中，但水的熱力不能即時進入她的體內。我用了 20 分鐘才令她放鬆少許，自己也為嬰兒的痛苦而哭了。我認為嬰兒是對牛奶敏感，便着她的母親帶她看醫生，轉吃初生嬰兒豆奶奶粉〔註〕，並要繼續替她按摩。

過了兩天，這位母親打電話給我，説沒有帶女兒看醫生，但換了豆奶奶粉後，發覺女兒的情況已好了 8 成。1 年多後，這位母親又致電給我，問嬰兒已 1 歲多，豆奶會否不夠營養，想讓她轉吃牛奶。我告訴她，嬰兒現在每天進食 3 頓固體食物，吃豆奶不會不夠營養，但這位母親沒有聽我的勸告。過了幾個月，我們再通電話，原來她給女兒吃了幾天牛奶，女兒即患上嚴重的皮膚敏感，醫治了幾個月才痊癒。自此之後，她再不敢讓女兒喝牛奶了。

❷ 個案二：嬰兒大便帶血

第二個個案的母親因為母乳不足而找我。她的嬰兒不肯「埋身」吃奶，只肯用奶瓶。她除了泵奶給嬰兒吃外，還要每天額外補充 3 至 4 支用奶粉開調的奶。她的嬰兒已 3 個月大，皮膚很白，時常哭，清醒的時候一定要抱着，熟睡後才可放到牀上。

我檢查嬰兒的大便，發現大便帶紅，可能有血。我幫這位母親通了乳腺，並教她用手泵和按摩令乳量增加，又叫她立刻帶嬰兒看醫生。她帶嬰兒看醫生驗大便，裏面果然有血。醫生認為嬰兒對牛奶敏感，建議母親改用全母乳，看看情況可有改善。這位母親用盡冰箱裏的母乳餵嬰兒，自己也很勤力泵奶，3 天後嬰兒的大便果然不再帶血，嬰兒也沒哭得那麼兇了。

❸ 個案三：間接吸收的敏感反應

第三個個案是我的老師，她的兒子吃全母乳，卻每天哭到天亮，皮膚也有敏感問題。按道理，她的兒子吃全母乳，即使對牛奶敏感，也不應出現問題。後來她才發現，因為她自己每天喝 3、4 杯牛奶，偏偏兒子真的對牛奶非常敏感，所以即使是這樣間接的吸收都會出現敏感反應。各位哺乳中的母親真要小心飲食啊！

過敏症的處理方法

嬰兒過敏最主要的原因是免疫系統出了問題，而餵母乳可以增強免疫系統，所以餵母乳就是預防過敏的最有效方法。另外，按摩也可以幫助增強身體免疫系統。遇上嚴重的情況，則要看醫生，做過敏測試。

以下是我任職助產士時，發表過的兩篇關於兒童敏感的文章，特此與天下父母分享。

〔註〕轉奶粉應由醫生指導，並且最好能循序漸進，每天轉一支奶，用 5 至 6 天的時間完成整個轉奶粉的過程。

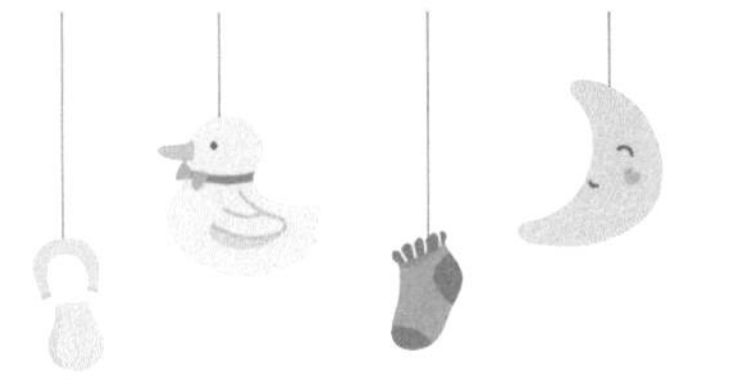

兒童食物過敏引起過度活躍症

想身體健康，均衡的飲食習慣很重要。但某些情況下，身體會對食物產生敏感反應。如果某種食物進入身體後不及格，身體便會產生不同程度的反應。情況稍輕的可能會引致嘔吐、偏頭痛、肚痛、腸胃不適或皮膚敏感等；嚴重的可能會出現鼻敏感或哮喘；更嚴重的甚至引致死亡。

食物過敏亦可能影響兒童行為方面的轉變，例如引致過度活躍症。患有過度活躍症兒童的父母最初只認為自己的孩子比較頑皮、難教及不聽話，或與老師及同學不合作，並沒意識到他們可能有其他問題存在；而孩子本身則會感到很無奈，不明白為何自己會令人不喜歡，甚至時常被父母打罵，令他們的身體及心靈留下一定的創傷。

我觀看一個電視節目時，第一次接觸到這個題目。我對節目中受訪父母的説話內容很有共鳴，因為我有位朋友的孩子有很多徵狀與患有過度活躍症的兒童很相似。

節目中，其中一位母親的兒子現在 16 歲，學業成績優異，他在 6、7 歲那年卻曾嘗試自殺。那時候他很頑皮，沒一刻可以停下來，上課時又不明白老師的講解，只顧搗亂，母親也拿他沒法子。兒子本身則覺得自己既不是智力偏低，也不是頑皮，只是無法自控自己的行為，又不懂與家人溝通，因而感到十分無奈，一時衝動下差點做出傻事。幸運地，他的母親及早發覺及明白事態嚴重，於是到處訪尋名醫，希望找出原因。後來遇到本身是兒科亦是敏感學專科醫生（當日亦有出席該電視節目）替他診治，才發現他對白糖、麵粉等食物有過敏現象，因而引發他行為上的問題。

節目中另一位母親的情況更令人同情，她的孩子在家裏和普通孩子一樣，活潑可愛，聽教聽話，但一上學卻變成另一個人似的，非常頑皮、不聽話、時常搗亂，亦無法明白老師的教導。她花了很多時間，才發現學校四周散發出來的氣味（樹木花草或泥土），令他行為上出現如此大的改變。為了兒子，最後他們只好搬往另一區居住。

據節目中該兒科醫生解釋，小孩過敏的徵狀很多，比較容易察覺到的包括：

（1）患有鼻敏感的孩子，他們擦鼻子時有特別的方法，不是用手指輕輕的拭擦，而是以全隻手去擦他的鼻子（如將軍敬禮的手勢），因為實在太痕癢了。

（2）打噴嚏每次可連續打 10 次或以上。

（3）即使睡眠達 10 小時，仍有一對大熊貓眼，眼袋甚黑。

（4）一對耳朵又紅又熱（大多是 12 歲以下的小孩子才有這種反應），常常對某種東西（如食物）馬上出現敏感反應，是找出敏感的方法之一。

（5）有些小孩會在行為上有改變，容易發脾氣、做事不能集中精神、經常走來走去、無法停下來。

這些過度活躍的孩子，在生活上會遇到很多問題，甚至人見人怕，令父母既尷尬又懊惱。由於孩子不聽話，容易發脾氣，可能會令父母雙方因教子問題而出現許多衝突。如果父母雙方不能合作及承擔問題，尤其對雙方都造成很大壓力。

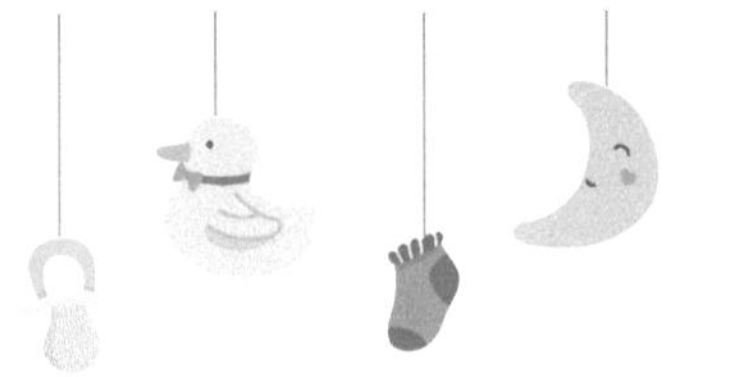

兒童不再過度活躍的原因　尋找致敏原

有過度活躍症的孩子，睡覺時特別容易驚醒，而且睡眠時間不長；除了睡覺外，簡直沒一分鐘可以停下來，每分鐘都在搗蛋。父母面對孩子這種情況，假如思想積極正面的話，會四出尋找引致孩子出現問題的原因，但若思想負面的話，卻可能只會打罵孩子，引致虐兒問題。在學校方面，孩子早已給老師歸類為壞孩子，每件壞事都總有他們的份兒，令他們在心情上及情緒上有更多壓力。若不找出解決的方法，只會引起更多問題。

每個患過度活躍症孩子的情況都不同，部分可能同時出現以下幾種徵狀，包括：

（1）時常動來動去，無法安坐下來，彷彿椅上放了針似的，硬要他坐，他只會不斷找藉口，最終把你氣壞。

（2）缺乏集中力，容易被外界事物吸引而分心。

（3）缺乏耐性，排隊或玩集體遊戲都不合作，只有經常搗亂。

（4）聽人談話時，常常打斷別人話題，所以總聽不明白老師要他做什麼事或交什麼功課。

（5）做任何事均缺乏次序或步驟。

（6）無法自己單獨玩耍。

（7）説話甚多，吵鬧不停。

（8）經常忘記帶功課，遺失玩具、書本、文具等。

（9）有時會做出一些危險的動作，險象環生，父母多次警告亦無效。

（10）此外還可能出現鼻敏感、哮喘等徵狀。

就算不對食物敏感的孩子，有時也會出現過度活躍的情況，例如小孩子玩耍後會顯得太疲倦及過分興奮；環境轉變，例如新入學、家庭增添新成員（弟妹出生）、父母離婚等；又或小孩子本身患病，如先天耳聾、智商偏低、自閉症等，都可能出現過度活躍的情況，所以要小心分辨。

食物是引起過度活躍的原因之一。牛奶類如芝士、忌廉、乳酪等，大多不適合中國人的腸胃，一些患有嚴重敏感的兒童，甚至對麵包或蛋糕中的奶類成分也會有敏感反應。其他容易引起敏感的食物包括雞蛋、花生醬（加拿大曾發生市民因對花生醬敏感而引致死亡的事件）、白麵粉、白糖、汽水、果汁、含人造色素或防腐劑的食物、糖果、味精、發粉（造酒用）等；海產類食物如魚、蝦、蟹等。此外，吸入化學物品如香煙、火水等，藥物、塵蟎等也會引起敏感。

假如敏感屬隱性，只吃少量上述的食物或吸入少量的化學物品，未必會引起敏感反應；但如果大量進食同一種東西，或兩種東西混合起來而產生化學作用的話，就會引起過敏反應。我有一位朋友同時吃雞蛋及喝咖啡的話，身體就會有很大反應；但如果只飲用咖啡或只吃雞蛋卻沒有問題，這情況持續了十多年後，才發現雞蛋是致敏的主要原因之一。

小孩子出現問題時，未必懂得表達出來，因此父母應小心留意，尋找正確的解決方法，而不是打罵了事。以下是一些建議，可供大家參考：

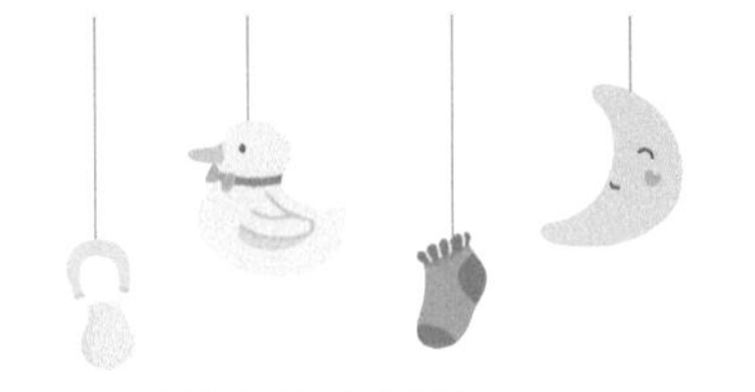

（1）找一位專治敏感的兒科醫生，他可能會替孩子作敏感測試。另外亦應詳細記錄小孩子每天的飲食及生活習慣，並調查家庭成員的身體情況及病歷。

（2）如果發現是食物方面引致問題，除避免進食該類食物外，應請教營養師，避免營養不良。

（3）壓力會增加敏感情況，因此應留意孩子在功課方面的壓力，增加彼此的溝通，例如每天有講故事時間等。

（4）運動很重要，不但可以幫助減壓，亦能促進食慾，消耗過多精力，幫助睡眠。

（5）減少接觸容易致敏的東西，例如毛公仔或布公仔、地氈等，或經常把這些東西清洗及放在太陽下曬，可減少黏附在上面的塵蟎。

（6）小心因藥物而引起敏感。

（7）手鏈或頸鏈上寫有引起敏感反應的藥名或食物。

（8）要讓小孩子知道，什麼東西會令他敏感，向他清楚解釋，如果他明白了，是願意合作的。

其實不少過度活躍的小孩在嬰兒時期已非常愛哭，常常要不停地摟抱。其實大多數過敏的孩子是一群聰明又活潑的孩子，希望父母及老師明白小孩有可能因敏感而引起行為及學習上的改變，如果能夠找到原因，可幫助他們脫離頑皮一族。

高度需要愛的嬰兒

什麼原因令我對高度需要愛的嬰兒 (high-need baby) 有興趣？有一天我與一位朋友漫談，她對我說每日早上醒來，就很擔心今天女兒會與她玩什麼把戲。如果女兒心情好，她就有好的一天，不然便又是很不開心的一天。女兒只有 5 歲，卻令這位母親不知如何反應，因為她不明白女兒在想些什麼，我這位朋友甚至有些驚慌。

我在醫院工作時認識這位朋友，她是我的鄰居，由我教她餵母乳，但過程非常困難。那時，嬰兒哭得很厲害，餵母乳時又不肯張開嘴巴。我平均每天去兩三次，嬰兒才肯吃母乳。當時，這位朋友覺得很辛苦及不開心，因她的嬰兒時常哭，很難照顧。

小孩現在 5 歲，在偶然的機會下這位母親與我分享她的不安。我的心很痛，因為我感受到這位母親這幾年的不開心。為了幫助她解決問題，我找了國際母乳會 (La Leche League) 其中一位導師，問她可有解決方法。導師推薦了一本書——*The Fussy Baby Book*。我一看，內容如我朋友所說的一樣，同時亦引起我的興趣，想知道什麼嬰兒才叫「高度需要愛」。

如果我早知道有這種嬰兒，至少我可以教母親如何用正確方法照顧他們，減低父母們沮喪或不安的情緒，例如：我會教父母們如何細心觀察嬰兒，早點明白嬰兒的需要，減低誤會，也更容易知道我們在哪方面出錯。我這位朋友的嬰兒幼時為何時常哭？為何她不肯張口吸

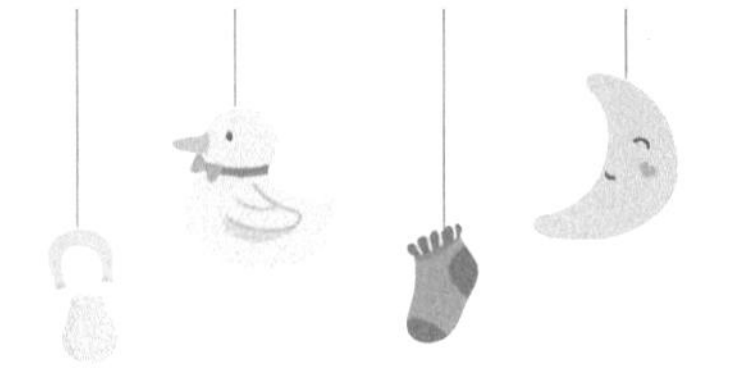

吮母乳？直至我們發現小朋友睡覺時一定要拿着毛巾才肯上牀，原因是她很喜歡觸摸的感覺，我們才恍然大悟！

當她還是嬰兒時，她雙手的動作很多，所以我們使用布把她的小手包得很緊，但原來當時嬰兒不喜歡我們這樣做，包小手的動作令她很不開心，我們又不明白她的不滿，所以她才哭得那麼厲害。對這種「high-need baby」，我們犯過這麼嚴重的過錯，她不會哭才怪！幸好，現在她是一位人見人愛的小孩子呢！

自從知道有這類嬰兒後，我常常留意身邊的嬰兒，並一眼便瞧得出他們是否屬於高度需要愛的嬰兒。記得有一次，我教初次見面的一位母親餵母乳，她的嬰兒給我一種特別的感覺，直覺上認為她是個「high-need baby」。於是我對這位母親說，如果嬰兒哭，一定要抱，不要不理她，因為她是比較需要安全感的嬰兒。這位母親說怕寵壞嬰兒，她不相信我的說法，因為我們只是初次見面，為時只有一個半個小時。

事隔三天，她致電給我，說因為星期日陪月員放假，所以要親自照顧嬰兒。每次換尿片之後，她就會抱嬰兒一會兒，嬰兒好像知道母親不會因為哭而抱她，但如果換尿片後就會抱抱她。你猜她那天換尿片換了多少次？ 15 次？錯！ 20 次？錯！答案是 30 次！一天 24 小時，大約 40 至 50 分鐘換一次尿片及抱一次！太聰明，太不可置信了！這類嬰兒很需要身體接觸給予他們的安全感，因此父母們更要小心觀察他們的需要。

「High-need baby」的特性

「High-need baby」有幾種特性：喜歡哭，喜歡抱，喜歡吸吮，所以餵母乳是比較適合，但母親則會非常辛苦，尤其是第一胎的母親，屬於非常非常大的挑戰。香港的生活比較舒適，通常是小家庭，地方小，如果父母不明白嬰兒的需要，嬰兒很可能每小時也要透過餵母乳來獲取安全感，但父母多會誤以為嬰兒吃不飽，既擔心嬰兒，自己又因時時照顧嬰兒而體力透支，身心俱疲。就算不是餵母乳，而是開調奶粉，這種嬰兒一樣會哭鬧，一樣要抱。

這類嬰兒令母親壓力倍增，十分需要家人的支持，如下面這個個案。這位母親的嬰兒每小時都需要餵哺，初時父母不明白嬰兒其實是需要安全感，既然餵嬰兒可以令他安靜，而這位母親也覺得至少可以與嬰兒互相增加了解，便不厭其煩地餵哺嬰兒。幸好，嬰兒的父親非常支持太太，常在身邊鼓勵她，對嬰兒也很細心。我們時常通電話，分享嬰兒成長的喜悅，從中我更明白這類嬰兒的成長及需要。嬰兒1 歲時，她的母親致電給我，說發覺嬰兒如爸爸小時候一樣，非常喜歡看光，尤其是手電筒的光，更喜愛毀壞玩具。

許多「high–need baby」的父母都可能有「high-need」的性格。個案中的母親說丈夫小時候常毀壞東西，在老一代的教育下屁股常開花，但他為人父親與嬰兒相處時，明白嬰兒的需要，較有耐性，所以這個嬰兒便沒像他小時候一般受苦。

我認為，許多虐兒個案中的小孩都有可能是高度需要愛的孩子。如果他們的父母也是「high-nccd」，問題可能會減少；如果大家知道「high-need baby」的存在，在嬰兒出生後幾星期內就知道他是「high-need baby」，慢慢去了解嬰兒的想法，與另一半好好配合，可能將來會培養出一位出色的人才，對社會及家庭有很大的貢獻。

我的後輩中也有兩位屬於高度需要愛的，其中一個小時候家人沒有給予太多照顧，結果性格上出現問題，而另一個則得到父母用心的照顧，現在她是一位很有主見，喜歡幫助人，做事很認真的大孩子。另外，高度需要愛的嬰兒很大機會體質比較敏感，如多肚風、肚子痛、大便不正常（次數多或便秘），而餵母乳可減低過敏症的機會，並可增加嬰兒的安全感，以及促進嬰兒與父母的溝通。

如何幫助「High-need baby」

家裏如有這類的嬰兒，若處理不當，可能會產生以下問題：母親容易患上憂鬱、嬰兒可能缺乏安全感，以及家庭產生矛盾。

這類嬰兒很有自己的性格，哭是他們的言語，如抱抱可以減低哭聲，請多抱抱他們，以增加安全感。環境及人物變遷等，都會令他們感到不安全。如果不聆聽他們的需要，父母可能會誤以為這些小孩子很固執，很難帶，長大了會是很慢熱的小孩子。大部分父母對我說，帶「high-need baby」出席在陌生環境舉行的派對時，每當要走的時候，嬰兒才開始與其他小朋友熟絡起來。為了幫助這類孩子，父母應先找資料，做足準備工夫，例如帶小朋友去一個新地方，出發前要先與他們溝通，幫助他們早些熱身。值得一提的是，按摩可以令嬰兒更加放鬆。

延伸閱讀：
Mary Sheedy Kurcinka, *Raising You Spirited Child*
William Sears, M.D. And Martha Sears, R.N., *The Fussy Baby Book*

餵哺母乳須知

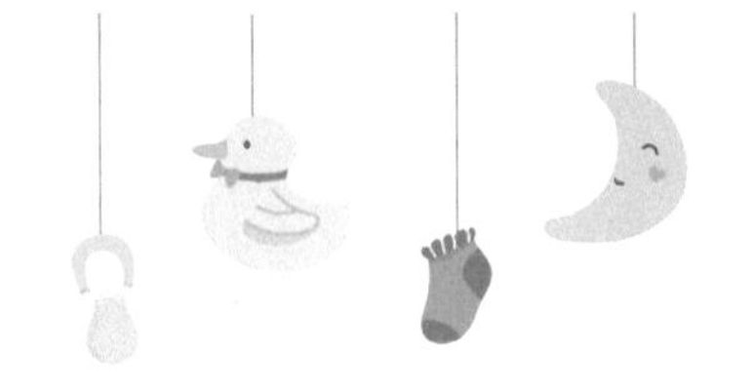

餵哺母乳的姿勢

本章內容包括母親哺乳時所採用的正確姿勢、其乳房應擺放的位置、嬰兒吸吮母乳時適當的位置，以及助產士幫助母親餵哺母乳時應有的適當姿勢。

本章的宗旨是要教導母親們怎樣按部就班，遵循正確方法餵哺嬰兒母乳，並以插圖附加說明。以下會詳細指出哺乳時的正確和錯誤方法，讓母親們比較。

哺乳時母親的姿勢

母親可採用的哺乳姿勢有兩種：坐着與躺卧。以下有些竅訣，可使兩種餵姿皆變得輕而易舉。

❶ 母親如何坐着哺乳？

坐着哺乳的方法（圖 1）：

（1）坐在一張牢固舒適的椅子上，且需用枕頭墊在你的背後。

（2）身體向後靠，以傾斜 70 至 75 度的方式坐着。

（3）用矮凳或厚書放於雙腳下，調校至舒適的高度。

圖 1　坐着哺乳的正確姿勢

（a）母親坐下，以枕頭承托背部
（b）椅子有扶手
（c）母親身體傾斜至 70 至 75 度
（d）嬰兒面向母親的腹部
（e）母親適當地承托嬰兒
（f）嬰兒應置於與乳房同一高度
（g）母親的手要觸及嬰兒的臀部

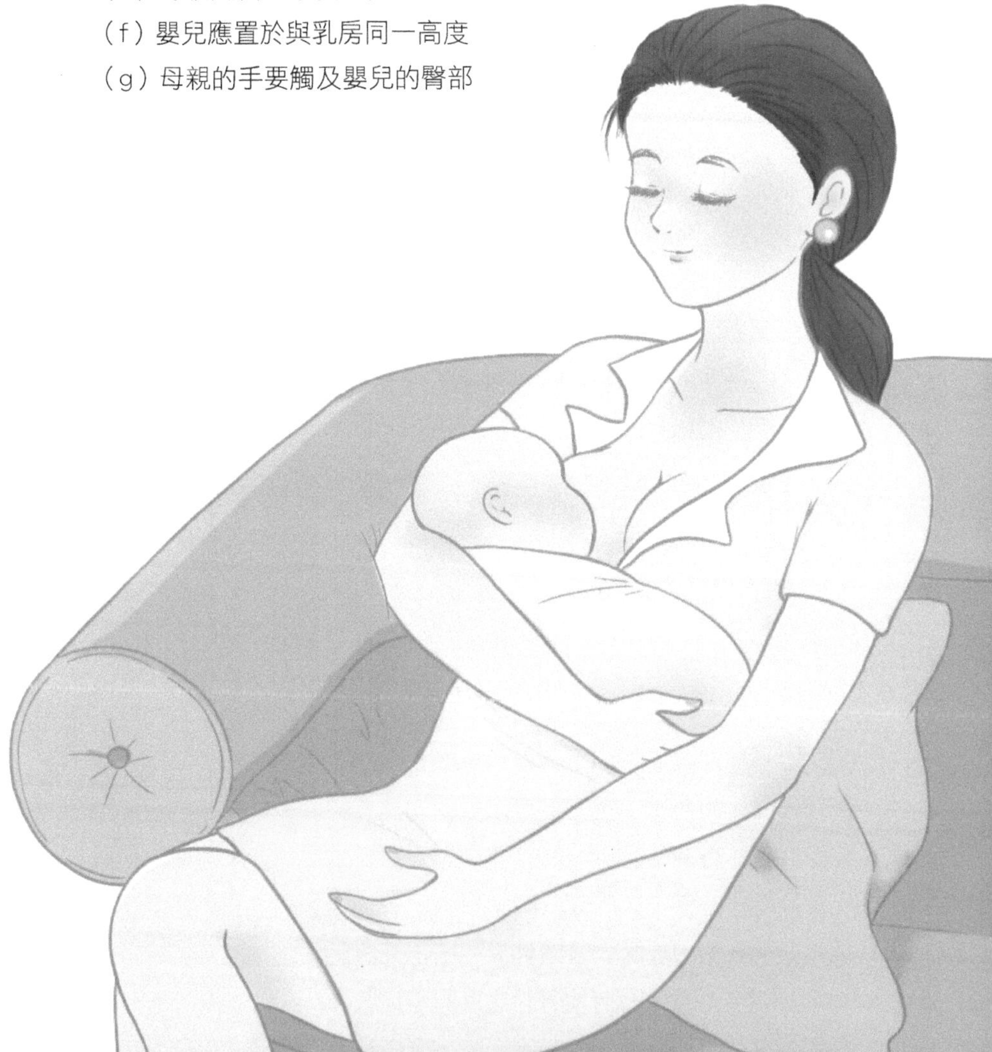

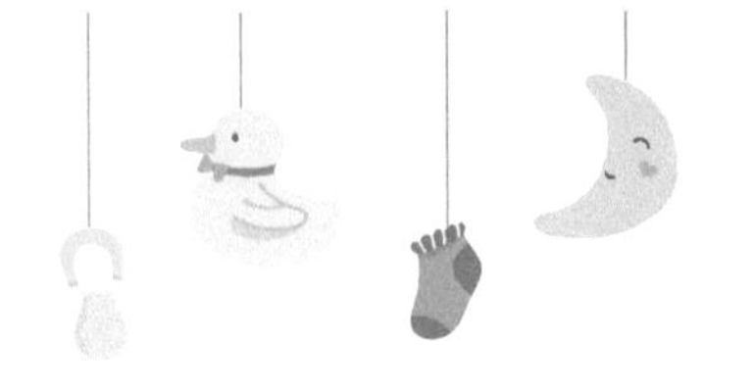

如採用坐姿餵哺，則不論母親是坐在牀上或在椅子上，皆應將嬰兒放在母親肚子上，並以枕頭支撐母親的背部及手臂。母親別忘了，懷中的嬰兒可能有 3 至 4 公斤重，每次哺乳要抱 30 至 40 分鐘，而每日還不止抱 1 次，實際上每天需餵 6 至 8 次。

另一個要點是，母親應善用自己的腹部，生產後你會發覺自己的腹部還是很大，正好可將嬰兒放在上面，這會讓你感到驚喜，自己與嬰兒是如此親近，他可聽到你的心跳、你的語音，甚至你的呼吸，這是大自然的定律。

開始哺乳前，母親應確保自己處於舒適的狀態，因為唯有這樣才能保持輕鬆，這輕鬆的感覺有助泌乳激素更快釋放，而更重要的是能使嬰兒感覺安全。正如上一章提及，嬰兒有強烈的第六感，任何不舒服的感覺皆可能使餵哺母乳的過程出現困難。

❷ 母親如何躺臥在牀上哺乳？

躺着哺乳的方法（圖 2）：

（1）睡牀放平。

（2）母親用一個枕頭躺臥。

（3）母親應側卧，使乳房朝向嬰兒，嬰兒口部對着乳頭成一直線。

（4）母親下面壓着的那隻手應放在頭下，或在嬰兒頭部之上。

（5）母親雙腿彎曲，並把一個枕頭夾放於兩腿之間，減輕腰部承受力。

圖 2　躺卧哺乳的正確姿勢

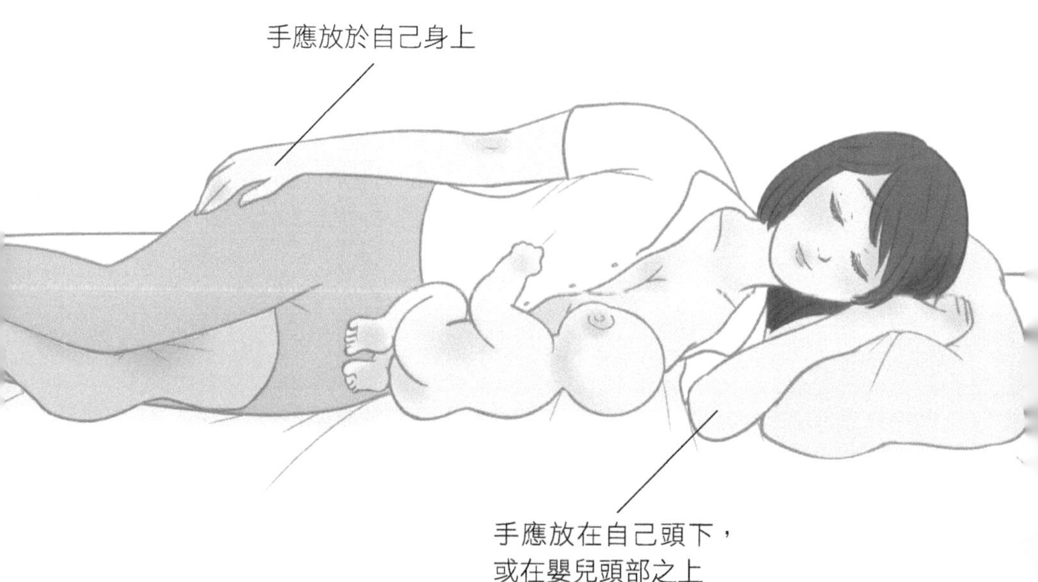

如果母親有時感覺陰道口傷痛或疲倦緊張時，這便是一個很適合的姿勢，因為丈夫能夠在旁協助。由於嬰兒活動受到限制，採用此姿勢便能使丈夫更容易幫助你把嬰兒放至接近乳房的位置。

睡牀應放平，並用一個枕頭，母親側卧牀上，使乳頭與嬰兒口部成一直線。如果你的乳頭太高，嬰兒便很難吸吮到，就算勉強吸吮到亦不會在乳暈上，而是在乳頭尖端上吸吮，其後可能會引致乳頭傷痛。切記，初生嬰兒仍未夠強壯，不能長時間伸展頸部，所以嬰兒的位置是非常重要的。母親下面那隻手，可放在嬰兒頭部上方，而非圍着嬰兒頭部，以免限制嬰兒頭部的活動，這可確保嬰兒的安全；另一隻手則應放在自己身旁，而不是抱着嬰兒，因為如果母親睡着，雙手很可能會不自覺地壓着嬰兒。

母親該如何擺放乳房？

這是其中一個幫助防止乳頭傷痛的重要論題，現在就讓我們來看看乳房的結構（圖 3）。乳房是由乳腺管、輸乳竇、乳暈及乳頭等組成的。請記着，應將嬰兒口部放在乳暈上，因為乳暈底層是輸乳竇，即泵乳工具，而不是讓他在乳頭上吸吮母乳。

另一錯誤觀念是以為乳頭扁平會難以哺乳。事實上，如果你把嬰兒的嘴放在乳頭上，吸吮當然有困難。正確的做法是把嬰兒放在乳暈上吸取母乳。切記，乳頭是吸不出乳汁的。

圖 3　乳房結構

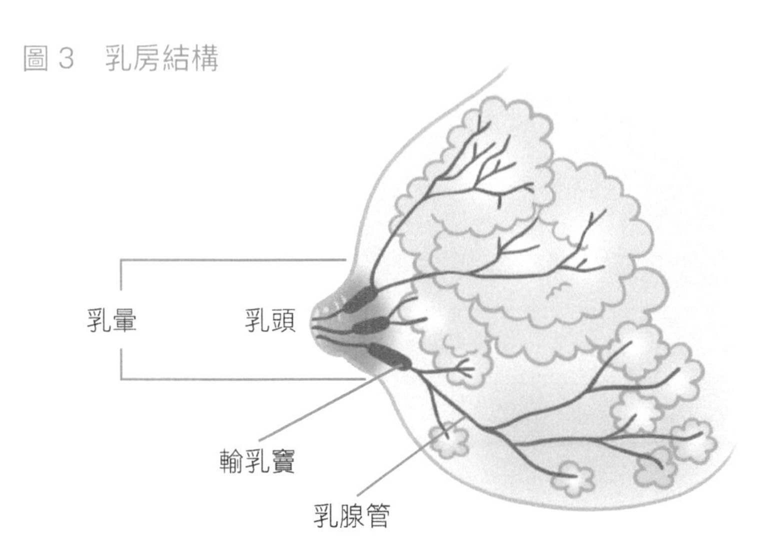

❶ 正確的方法

坐着哺乳時擺放乳房的正確做法（圖 4）：

（1）母親傾斜至 70 至 75 度坐着才正確，並用手托住乳房，將乳房推向胸壁，以固定乳房位置。當然，母親應視乎乳房大小來決定是否需要托住乳房。

（2）同時，母親做出一個形狀以方便嬰兒張口吸吮。母親可以整隻手掌托着乳房，或只用兩隻手指。對於大而柔軟的乳房，以整隻手掌托着較佳；如乳房較細，不托也可以。

（3）千萬不要擺動乳房或乳頭，或將乳房托高。這是大部分母親會犯上的嚴重錯誤，也是引致乳頭傷痛的原因。因為嬰兒有覓食反射，這種擺動會使你的嬰兒弄不清楚每次究竟該朝向何方覓取母乳。

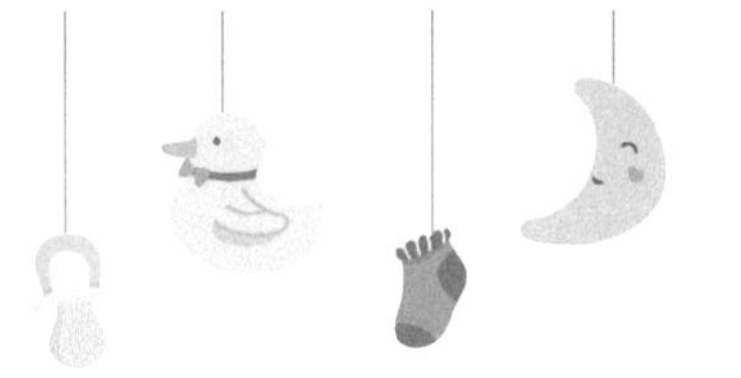

（4）手指不可太靠近乳暈。

（5）如果嬰兒是在乳暈上吸吮，理論上母親不會感到任何不適。若母親在餵哺時一直感到痛楚，這表示位置錯誤，可能是嬰兒在吸吮乳頭。若真如此，請不必驚慌，只需將嬰兒移離乳房，再重新放上，教他在正確部位上吸吮即可。

我曾提到，嬰兒只懂簡單的指令。因此，如果你一直都將乳房擺放於同一位置，每次嬰兒口部便有同一目標。兩三天後，嬰兒便會記住口部該朝向何處移動覓食。不斷嘗試及盡早更正哺乳姿勢，對成功餵哺母乳是非常重要的。

❷ 錯誤的方法

坐着哺乳時擺放乳房的錯誤做法（圖 5）：

（1）記着，嘗試將乳房放入嬰兒的口中是錯誤的動作，這多發生在乳房大而柔軟的母親身上。此方法並不正確，因為嬰兒的齒齦會割傷乳頭，導致乳頭損傷。

（2）切勿利用乳頭去刺激嬰兒張口，這舉動會使嬰兒不清楚，應該何時及朝向何方吸吮母乳。

（3）母親的手指擺放得太近乳暈，會妨礙嬰兒含入乳暈。

（4）母親的身體不要向前傾，令背部疲勞。每次改變方向亦會令嬰兒無所適從。

圖 4　母親擺放乳房的正確做法

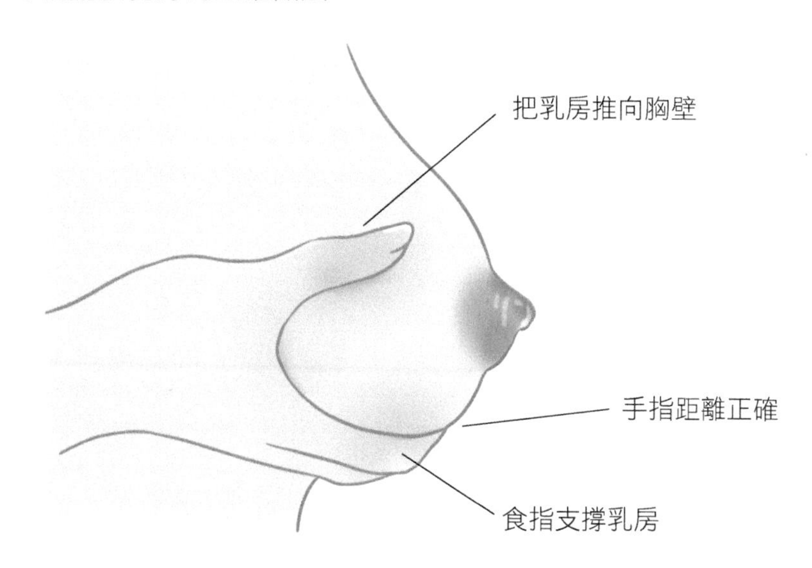

圖 5　母親擺放乳房的錯誤做法

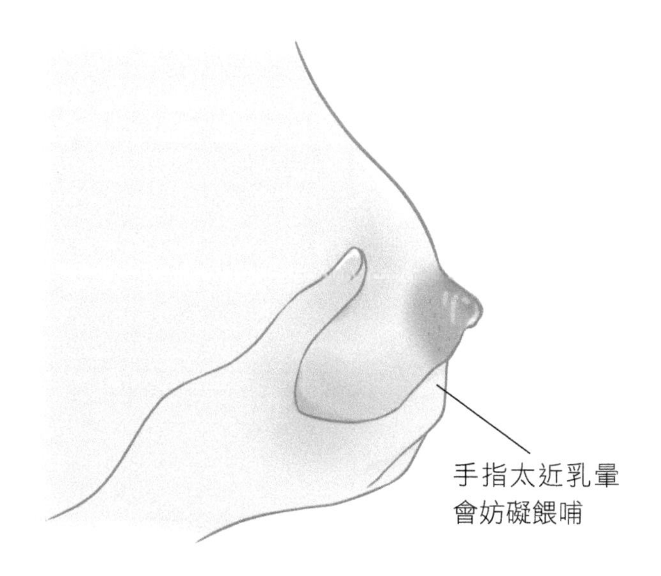

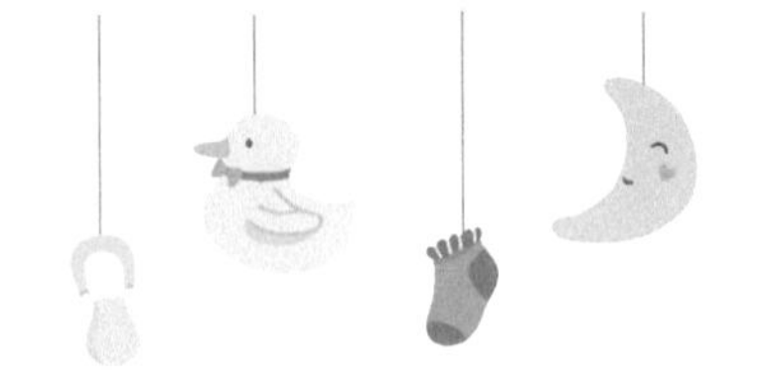

母親哺乳時如何擺放嬰兒？

❶ 嬰兒吸吮母乳時的位置

我們已談過母親正確哺乳的姿勢及乳房擺放位置，現在談談嬰兒吸吮母乳時應處的位置。你將乳房當作標靶（被動），嬰兒當作箭頭（主動），因此你將嬰兒放至乳房附近時，就只應移動嬰兒，而非乳房。

若母親不斷擺動乳房，第一，會使嬰兒弄不清楚乳房是朝哪個方向擺動；第二，嬰兒便會隨便在乳房上尋覓一處吸吮，而且往往在乳頭尖端，因此導致乳頭傷痛；第三，切記，嬰兒仍未夠強壯有力，若得不到母親的幫助，他是找不到乳暈的，就像射箭一般，沒有母親的幫助，嬰兒不能擊中標靶（圖 6），所以母親應使用輕微力度，幫助嬰兒身體貼近母親身體方向。

圖 6　搖動乳房會混淆嬰兒的方向感

❷ 常用餵哺姿勢

餵哺是可以有其他姿勢的，現只列出 3 個最常用的姿勢：

A. 自然式（平放式）

B. 挾球式

C. 卧式

A. 自然式（平放式）

正確方法（圖 7）：

（1）將嬰兒放在母親的腹部，可於腹部放置枕頭以承托嬰兒，但此舉並非必要，可視乎各人需要而定。

（2）將嬰兒的腹部及頭部朝向母親的腹部，嬰兒的位置就像中文數字的「一」字，橫卧於母親胸前，嬰兒的耳朵與肩膀成一直線，90 度直向天花板的方向。

（3）母親手掌放在嬰兒耳骨後，托着其肩膀，用手臂承托嬰兒身體。

（4）嬰兒的前臂圍在母親的腋下，雙臂打開就像抱着母親的乳房。

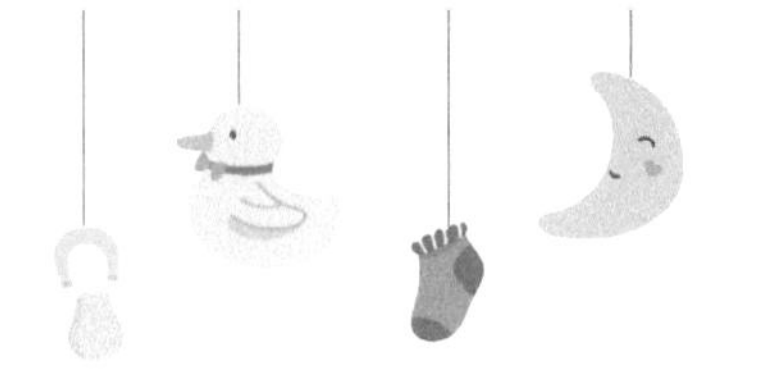

圖 7　自然式的正確姿勢 I

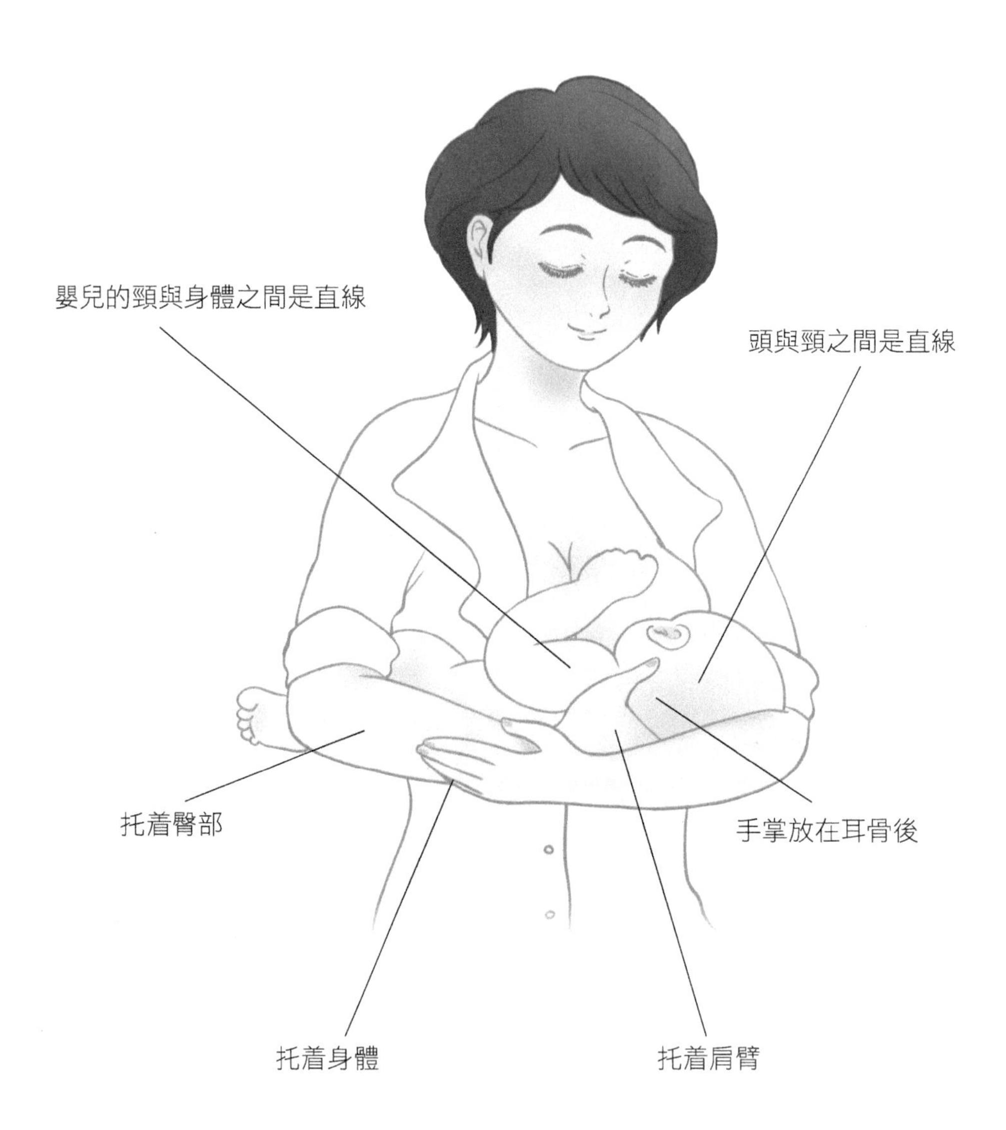

（5）母親利用相反方向的手支撐嬰兒的頭部、頸部及身體。（圖 8 顯示嬰兒的位置）注意要支撐嬰兒整個身體，那麼嬰兒的下身便不會滑落，同時必須確保母親和嬰兒皆處於舒適的位置。

圖 8　自然式的正確姿勢 II

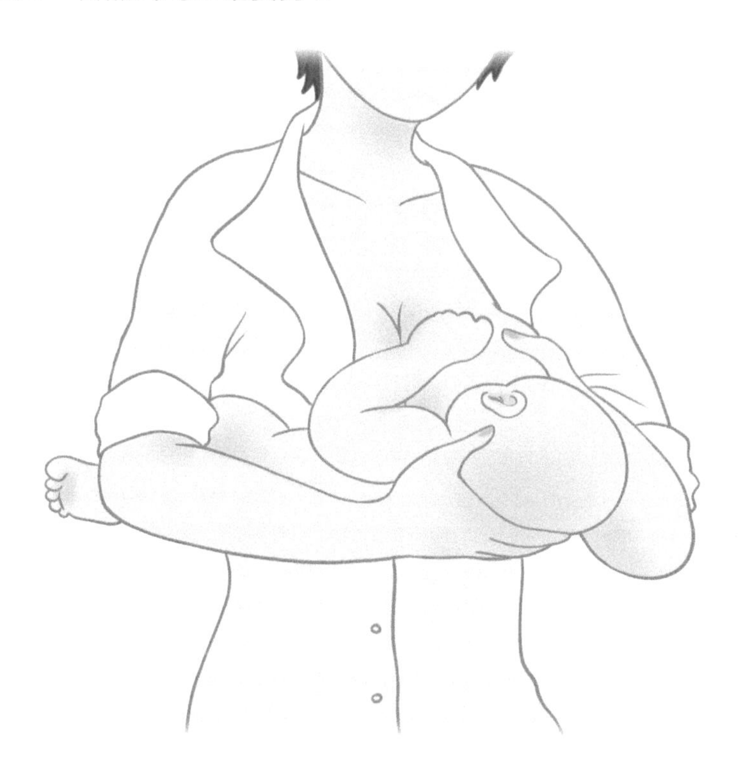

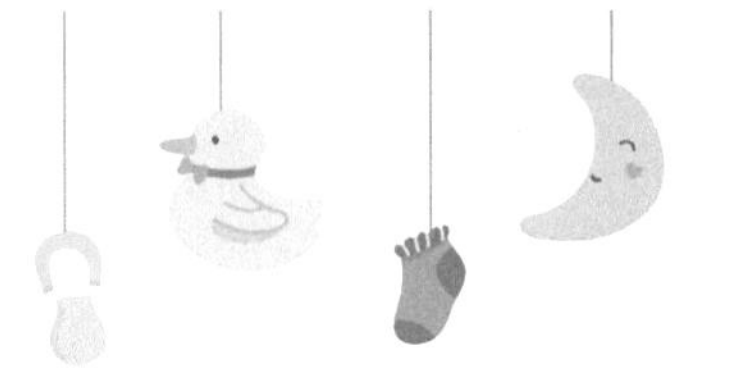

（6）嬰兒口部的位置要稍微高過乳頭。若嬰兒的口部位置低於乳頭，嬰兒需要仰起頭索取乳頭，這樣他會較吃力，而彎下頭部則較容易。

（7）當嬰兒張開口時，要盡快把嬰兒身體推向目標——乳暈，這樣嬰兒才能吸吮整個乳暈。這動作需經常練習。

（8）確保嬰兒能吸住大部分的乳暈，母親在哺乳過程中便不會有疼痛之感，嬰兒亦能不停地吸吮。假如嬰兒停止吸吮達數分鐘，就應查看嬰兒是否還在乳暈上。當嬰兒已正確地吸吮母乳時，母親會發現嬰兒在乳房上形成一股很大的吸力及舒服感，要將嬰兒口部移離是不容易的（圖 9）。

（9）當嬰兒正確地吸吮母乳時，嬰兒的臉頰是十分貼近母親乳房的。假如母親的乳形較小，可能不需要利用手指按下乳房留出空間，好讓嬰兒呼吸通暢。但乳形較大的母親，就需要用手或手指按住乳房，令嬰兒能暢順呼吸。

（10）嬰兒的口要張大，就像放置喇叭於乳房上（圖 9）。

（11）嬰兒舌頭在下唇上面（圖 9）。

圖 9　嬰兒正確的吸吮口型

（a）頸部肌肉鬆弛

（b）嬰兒腹部面對母親腹部

（c）嬰兒吸吮大部分乳暈

（d）嬰兒鼻子很貼乳房

（e）嬰兒舌頭包含乳暈，見到舌頭在下唇上方

（f）口部張開像喇叭般吸在乳房上

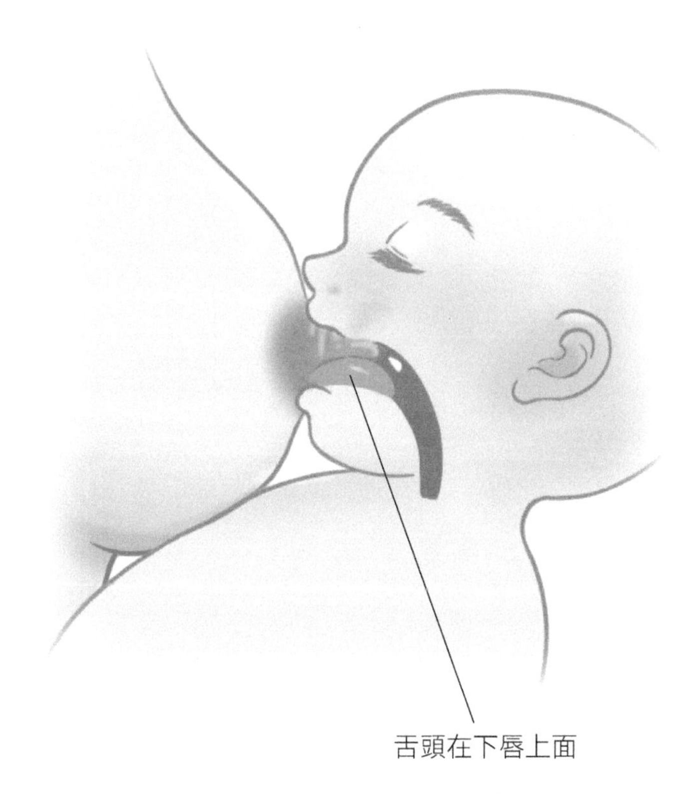

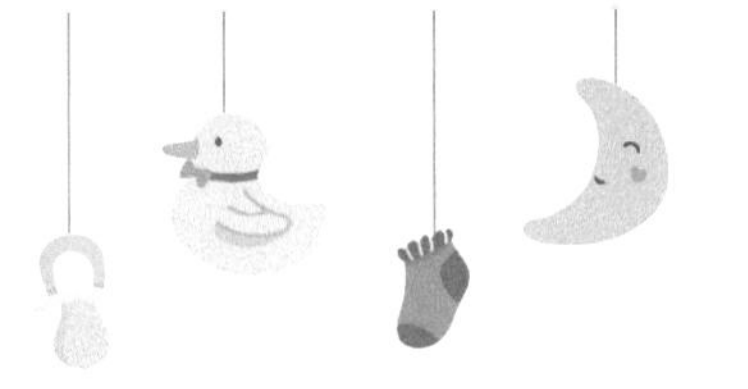

（12）現在母親可以改用另一方向手抱着嬰兒，但要確保手能觸及嬰兒的臀部成一字形的姿勢（圖 10）。

圖 10　自然式的正確姿勢 III

（a）嬰兒平放，橫臥於母親腹部成一字形

（b）嬰兒面貼母親乳房

（c）嬰兒腹肚對着母親腹肚

（d）母親手托嬰兒臀部、身體、頭部並成直線

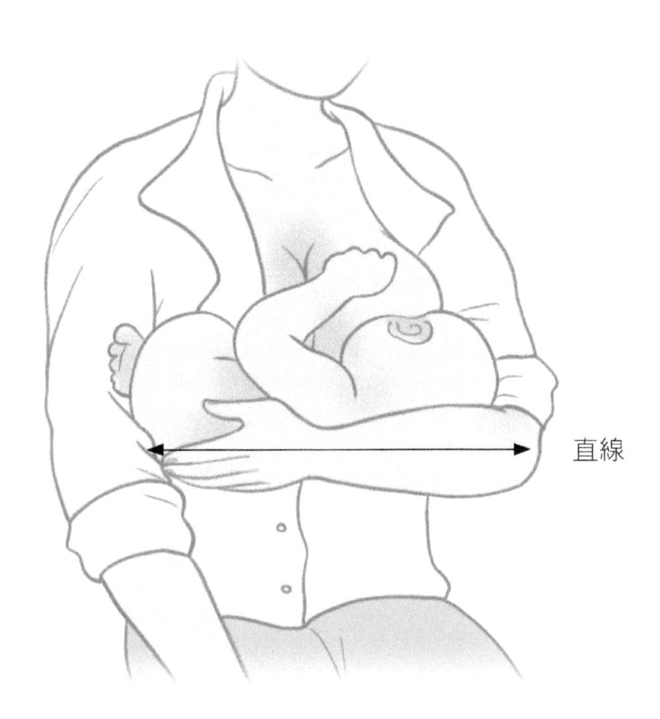

錯誤方法：

（1）嬰兒採用坐着的姿勢，如此一來，其頭部便要轉向母親的乳房。這姿勢會錯誤放置嬰兒，使初生嬰兒的頸部肌肉疲勞，造成不開口的問題，也會導致嬰兒滑落，以及嬰兒只吸吮乳頭，而非乳暈。切記，母親抱着嬰兒時，手臂姿勢不正確時會導致肌肉疲勞及嬰兒滑落（圖 11）。

（2）切勿利用乳頭刺激嬰兒。

（3）母親的手臂只支撐嬰兒一部分身體或頭部（圖 11）。

圖 11　自然式的錯誤姿勢 I

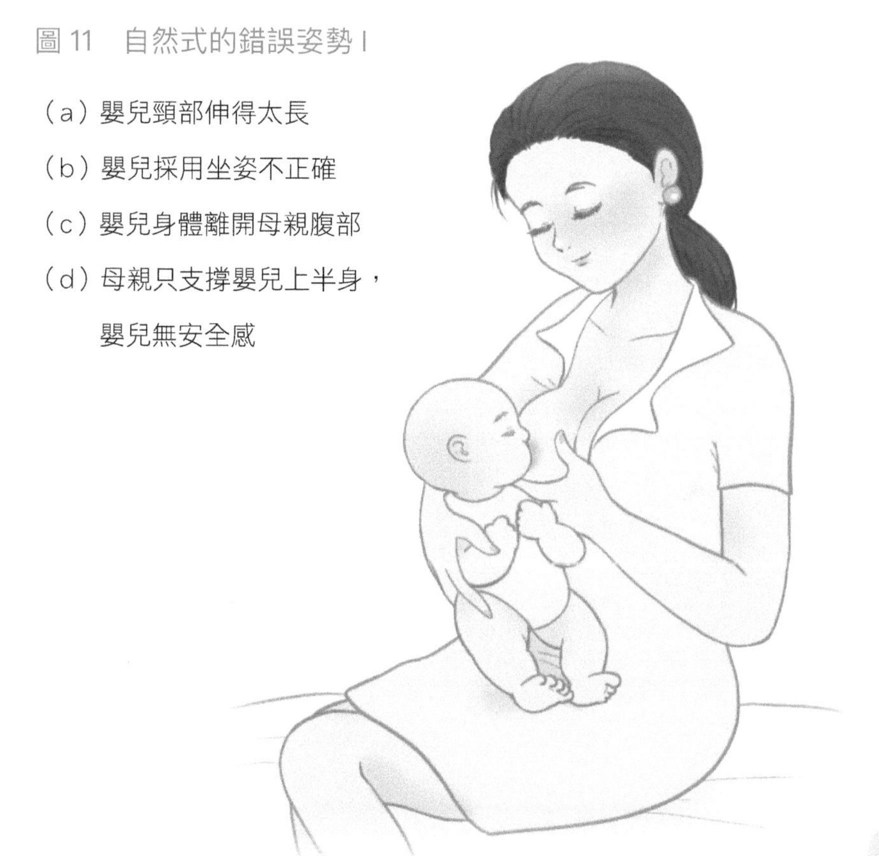

（a）嬰兒頸部伸得太長

（b）嬰兒採用坐姿不正確

（c）嬰兒身體離開母親腹部

（d）母親只支撐嬰兒上半身，嬰兒無安全感

（4）切勿嘗試把乳頭放入嬰兒口中，此舉會令乳頭損傷。這是多數母親及助產士常犯的錯誤（圖 12）。

圖 12　自然式的錯誤姿勢 II

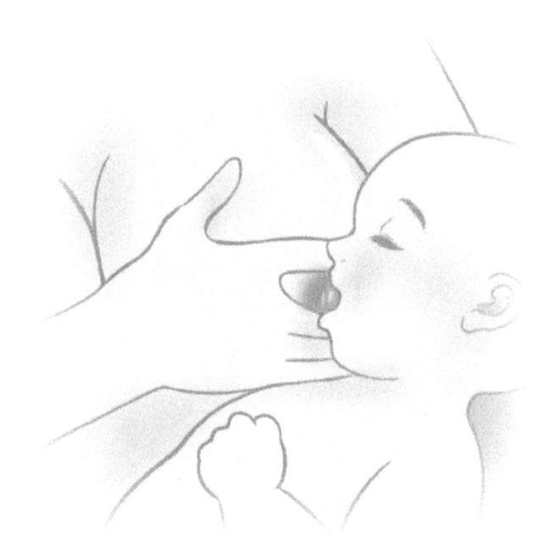

（5）嬰兒開口太小只能含着乳頭，或嬰兒擺放位置太低或太高，都會導致下唇捲入，所以在嬰兒吸吮時，母親會感到疼痛（圖 13）。

圖 13　錯誤的吸吮口型

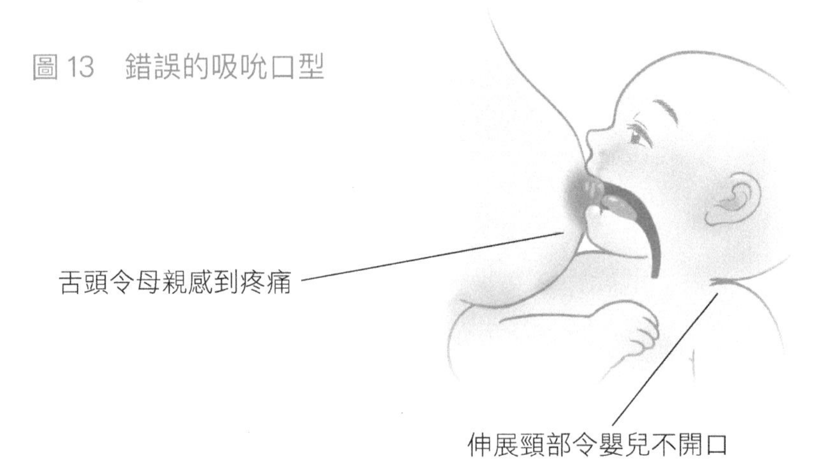

（6）嬰兒身體的腹部無朝向母親腹部，而且有一段距離，就算只是1至2厘米的距離，也會令乳頭損傷或出現嬰兒吃不飽的問題（圖14）。

圖14　自然式的錯誤姿勢 III

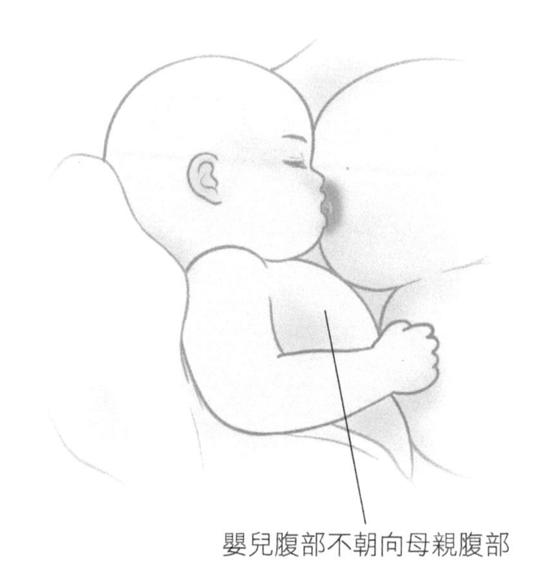

B. 挾球式

挾球式是把嬰兒挾於母親手臂之下，嬰兒的身體及腳皆處於母親的腋下。這位置讓母親能更清楚地看見嬰兒的臉部，適用於剖腹生產後的母親，因為母親不需把嬰兒放在腹部上。若母親乳頭有傷，可改用這方式，以避免乳房的同一部位受到吸吮的壓力。若母親採用自然式餵哺後，母親與嬰兒雙方皆感到不舒服，尤其是母親無法放鬆自己，且將許多緊張的情緒傳給嬰兒時，便可嘗試使用挾球式（圖15）。

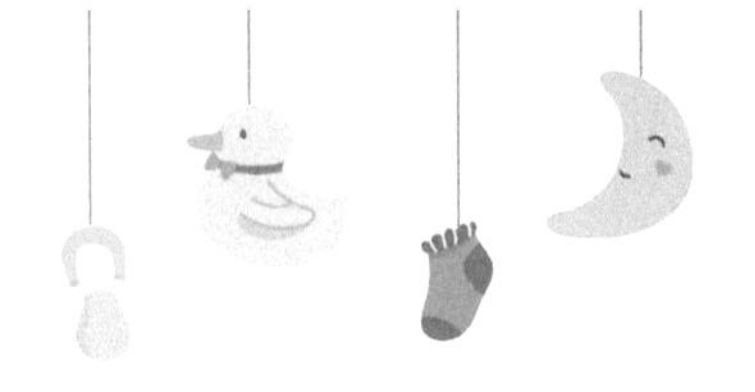

圖 15　挾球式

（a）母親托着胸部

（b）在手臂下墊放枕頭以支撐嬰兒的身體

（c）用毛毯包裹嬰兒，注意嬰兒向下的手一定要拉直，不可以抱着母親的乳房

（d）以手臂承托嬰兒，另一隻手托住及穩定乳房

（e）嬰兒整個身體朝向母親乳房

（f）嬰兒鼻子貼近乳房

（g）嬰兒的口稍高於乳房或在乳頭正中

（h）嬰兒一張開口，母親立即將嬰兒身體帶向乳暈

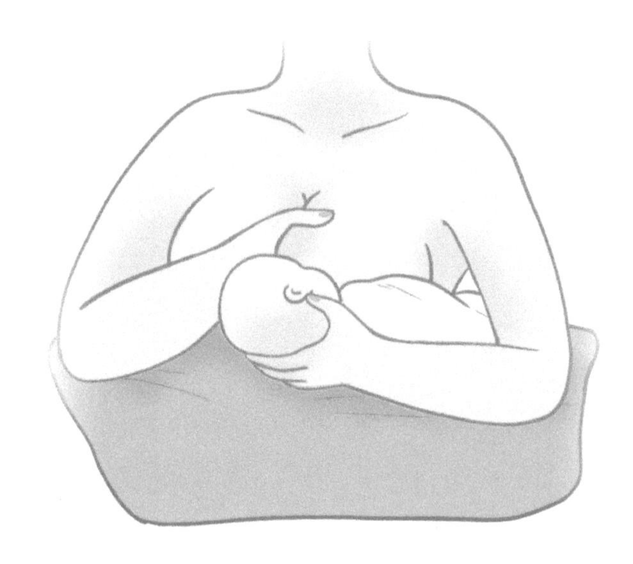

C. 卧式

這是其中一個較舒服的餵哺嬰兒姿勢，但因母親需要躺在牀上餵哺，故外出時此方式會有少許不便。

正確方法（圖 16）：

（1）把嬰兒整個身體側放於母親旁邊，其腹部與母親的腹部相對。嬰兒頭部朝向母親乳房，口部對着乳頭。

（2）母親需要他人幫助才能把嬰兒放近乳房，因此如採用此方式，父親可以從旁協助。記着，這只限於剛出生僅一兩日的初生嬰兒，當嬰兒稍為長大，母親便可以不靠他人，自己去做。

（3）嬰兒下面的手需要拉直，與身體平衡。

圖 16　躺卧哺乳的正確姿勢

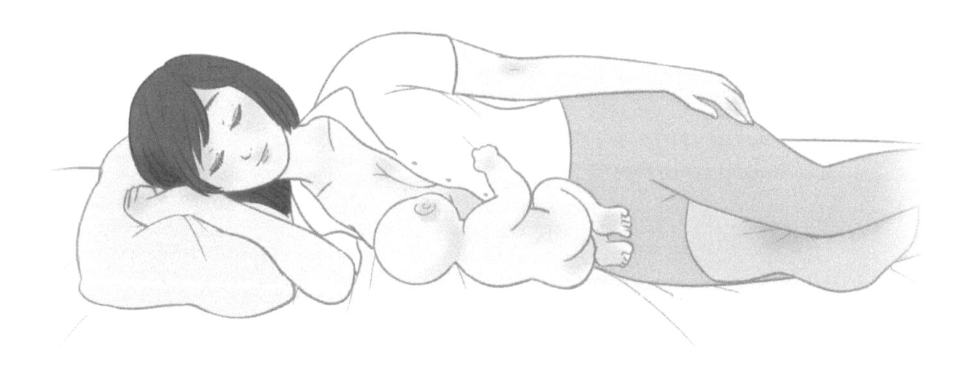

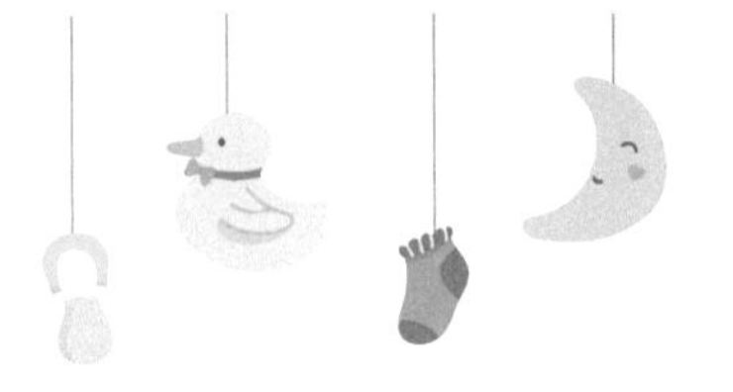

錯誤方法（圖 17）：

（1）嬰兒身體仰天而卧。

（2）嬰兒頭部需要轉向乳房。

（3）嬰兒的手放在胸前，令身體不能貼近母親身體。

圖 17　躺卧哺乳的錯誤姿勢

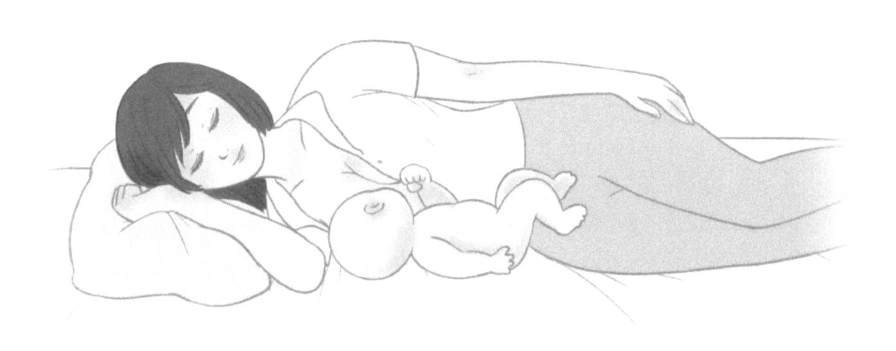

❸ 助產士的姿勢

作為一個助產士，我曾花費很長的時間，幫助母親找出一個舒適的餵哺方法。當時我想，假如母親的姿勢不舒服，抱着嬰兒時便會感到很緊張。有時花上 30 分鐘教導母親，也會令背部痠痛。

假如助產士要教導一個坐在牀上的母親餵哺：

（1）牀應調至適合高度，助產士可單腳跪在牀上，如此背部便不會受到壓力。

（2）要求母親移向牀邊，助產士便不需要過分伸展背部。

假如助產士教導一個坐在椅子上的母親餵哺（圖 18）：

（1）找一張同樣高度的椅子坐下。

（2）應坐於母親的側面。

（3）在開始幫助母親之前，應先觀察母親怎樣把嬰兒放上乳房，找出或指出她的錯誤，例如母親的姿勢或嬰兒的位置、母親移動乳房的方法。最重要是觀察母親的情緒反應。

圖 18　助產士教導母親坐餵姿勢

作為一個輔助者，當助產士嘗試替母親將嬰兒放上乳房時，請注意自己的姿勢、母親的姿勢及嬰兒的位置。任何一位感到不舒服時，都不可強行將嬰兒放近乳房。

觀察嬰兒的行為是很重要的，他的身體語言會讓你知道你做錯了什麼。譬如乳汁流量太快，嬰兒來不及吞下所有乳汁，嬰兒便會退縮脫離乳房。有些嬰兒甚至害怕吸吮乳房，因為害怕大量的母乳嗆於喉中。

無論是助產士或母親，也需要站在嬰兒的立場找出問題，才能教導母親成功餵哺母乳的方法。這確實需要很多耐性及練習，不過母親一旦知道方法後，肯定會從與嬰兒的親密接觸中獲得滿足感，而這份滿足感，也正是旁人最沒機會體驗到的。

短舌頭

不成功餵哺母乳有很多因素，但嬰兒是最關鍵的，如餵哺時位置不正確、嬰兒鼻塞影響、舌頭比較短等，都會引致餵哺困難。這章會介紹如何解決短舌頭的問題（如果嬰兒有「黐脷筋」的問題，可諮詢醫生意見）。

如何觀察嬰兒的舌頭比較短

（1）母親乳頭經常損傷、疼痛，引致奶量減少，嚴重更會引致乳腺堵塞或乳腺炎等問題。

（2）嬰兒經常哭，吃不飽。

（3）母親可以用手指測試，將手指放在嬰兒下唇外，他們的舌尖只可伸至下唇內，可能就是舌頭比較短的緣故。

如何改善問題

舌頭是肌肉，是可以訓練的。母親可以用杯子餵嬰兒吃奶，他們需要活動舌頭覓食，舌頭肌肉就能得以鍛煉。有一位母親很開心跟我分享，嘗試這個方法後，嬰兒舌頭已能觸到下唇外，她的乳頭亦沒有損傷。用杯子餵母乳的方法，請參閱第 70 頁。

此外，餵哺母乳時嬰兒的身體位置正確，對舌頭的訓練亦非常有幫助。餵哺母乳的正確位置請參閱第 54 頁。

只要有耐心，短舌頭是可以改善的。

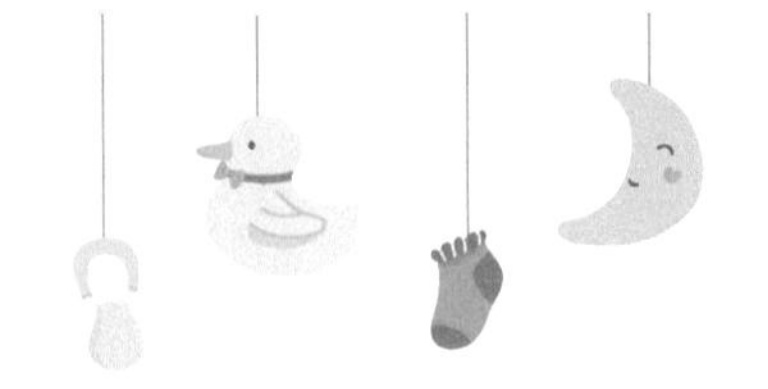

用杯子餵母乳

現在的母親不單可以用奶瓶、匙子、針筒、手指（把小管放在手指上），或用輔助餵奶器（把管子放在乳房上），更可以用小杯子餵嬰兒。我在母乳育嬰行業工作 40 年，發現用瓶和手指都對改餵母乳沒有大幫助，也不能改善嬰兒的嘴形，但如果用杯子餵嬰兒，對改正嬰兒嘴形、吸吮方法卻很有幫助。

用小杯子的方法：

（1）嬰兒要坐直 90 度直角。

（2）母親的手放在嬰兒背部，要抱着嬰兒的頭、頸、身體的位置。

（3）嬰兒身體面向着餵哺者。

（4）小杯子裝 1/3 杯奶。

（5）慢慢將奶倒在嬰兒的舌頭上，而不是口腔內，而且速度要慢。最初嬰兒喝時會流走很多，慢慢便會有進步。

（6）氣會多，要多掃風幾次。

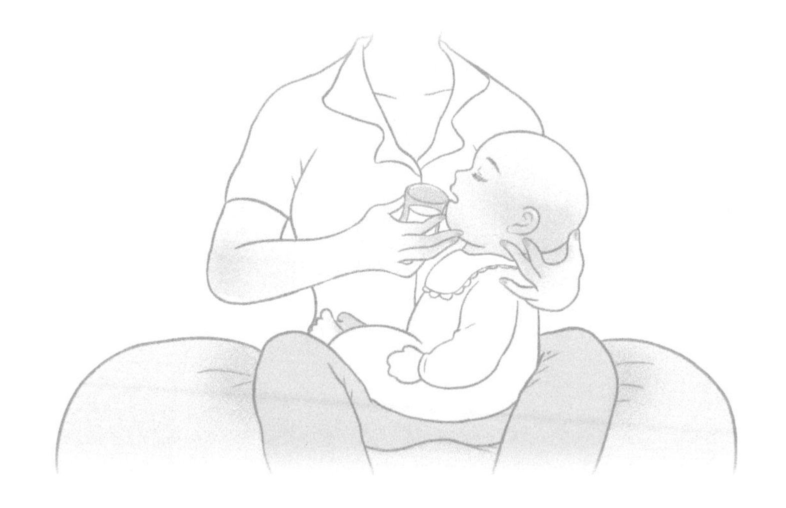

為何選擇用杯子餵母乳？

用杯子餵嬰兒會教懂他們張開口及用舌頭吃奶，對餵哺母乳不成功或乳頭有傷的母親尤其有用，可減低嬰兒對奶嘴和乳頭感到混淆的問題。

用杯子餵嬰兒可以幫助母親成功餵上母乳。有位母親在嬰兒出生後第五天約我見面，她從來沒有成功餵哺嬰兒母乳，每次都用杯子餵嬰兒。當我檢查母親的乳頭時，發現比較平坦，嬰兒的舌頭也不長，以為今次教餵哺會遇上困難。後來發覺原來我錯了，兩課之後，嬰兒很快便成功吸吮到母乳。於是，我發覺用杯子餵嬰兒，會增加成功餵母乳的機會，又不會令嬰兒對乳頭產生混淆，同時減少令乳頭受傷的問題。

十多年前我已常教父母們用杯子餵嬰兒，這個方法的好處如下：

（1）如母親乳頭傷了，可把母乳用手推出來，改用杯子餵，作為補

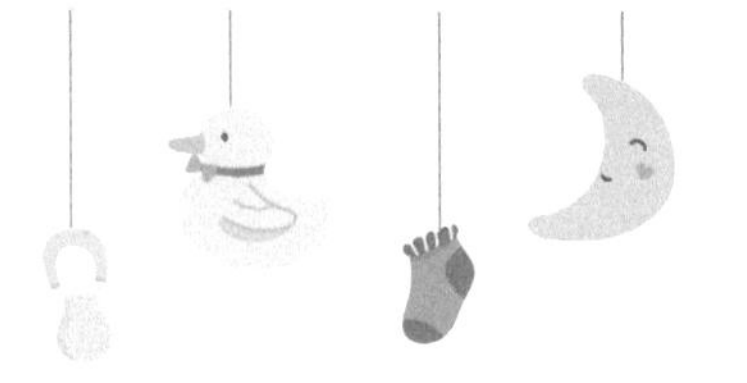

奶方法之一，更不會產生嬰兒對「乳頭混淆」的問題，幫助嬰兒學習正確吸吮方法。

（2）父親或其他人可以代餵。

（3）父母會發現嬰兒學習能力之強，5 分鐘喝完 40 毫升奶，經過幾次學習後，就能減少浪費。

（4）較環保，只需清洗一隻小杯。

用匙子餵其實也不會產生「乳頭混淆」的問題，但這樣做會很慢，而且和使用杯餵一樣，嬰兒會有較多風；如用針筒或手指，會令嬰兒不懂開口覓食，這方式令我接二連三地失敗，是我遇到過的嚴重問題，讓我從中得到教訓。

用杯子餵嬰兒會增加餵母乳的成功率，可惜的是，很多父母都因害怕嬰兒會被嗆到而不肯用這方法。但其實只要抱嬰兒的姿勢正確，使嬰兒保持 90 度直角（不可低過 75 度），便不會發生這種情況。

不過，用杯子餵的壞處便是浪費，最初嬰兒只會喝到一點點，大部分都白白流在衣服上，如果那些是母乳，就更加浪費，亦因此常常要替嬰兒換衣服。

泵奶機

市面上有多款泵奶機，最簡單是手動泵，最先進是電動泵，此外又分單、雙泵和乾電濕電。奶泵的確可以為母親帶來不少便利，尤其是需要上班的母親。不過，許多母親卻不懂得奶泵的正確使用方法，導致乳頭損傷、乳腺阻塞、奶量減少等多種問題。

泵奶最常犯的錯誤是「目標為本」，例如嬰兒每餐要吃 4 安士

的奶，母親便不停地泵，勢要泵出 4 安士奶才停。我曾經見過一個母親，她在生產後第四天便不停地泵了 120 分鐘，希望可以減輕乳脹的不適，但結果乳頭愈來愈紅、腫和痛。

以下是普遍的泵奶器指引，每次最多只可以泵 20 分鐘。方式如下：

（1）先按摩乳房數次，泵奶 5 分鐘。

（2）再按摩乳暈數秒，再泵 5 分鐘。

（3）又按摩乳房，再泵 10 分鐘。

這時不論泵了多少奶出來，即使只有 1 安士，也要停止，而且最好每次泵奶後都要花 5 至 10 分鐘用手把後乳推出來（後乳的介紹請參閱第 83 頁）。因為泵奶機很難泵出後乳，如果後乳仍留在乳房內，有機會堵住乳腺，久而久之就會發炎或令奶量減少。在 40 年的工作經驗中，我所遇見的大部分發炎個案均是由不正確的泵奶方法所引起。

正確使用泵奶機

最佳開始使用泵奶機的時間是在嬰兒出生後 3 星期至 1 個月，因為這段時間母親才真正上奶。如果在嬰兒初出生那幾天開始泵奶，出於初乳太濃，會很難泵出，這會令母親們覺得自己不夠奶，因而信心大減；更會令母親持續泵奶，但又因泵不清，至 3 星期後正式上奶時，就可能增加塞奶的機會。

除了要注意泵奶開始的時間，還要注意以下事項：

（1）喇叭口的闊度，不可以太細。

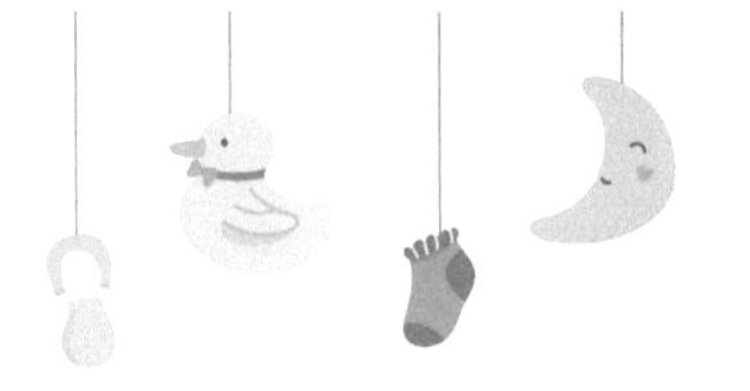

（2）開始時用按摩模式，由細漸大；乳腺有出奶，便不會感到痛。

（3）每邊泵奶不可超過 20 分鐘。

用手擠奶

其實，每位母親都應該學會如何用手擠奶，用手擠奶有時比奶泵更管用，因為較天然，而且不會令乳頭受損。方法很簡單，用拇指、食指和中指做成一個「C」字，將這個 C 字套在乳暈外 1 至 2 吋的地方，用指力輕柔地把奶推出來，這個位置可清理上下乳房的奶。然後再將 C 字變成 U 字，從下套着乳暈以外，同樣用指力輕柔地推奶，這個位置有助清理乳房兩側的奶。每天做一次有效防止乳腺堵塞。

但是，同時也要小心處理，擠奶太多次可能產生更多奶，一定要明白供求原理。增進相關知識可以減低餵母乳的麻煩，這也是我多年來與母親們一起學習所得的經驗，在此與大家分享。

掃風姿勢及按摩方法

如何為嬰兒掃風？

以下是 3 種常用的掃風姿勢：

❶

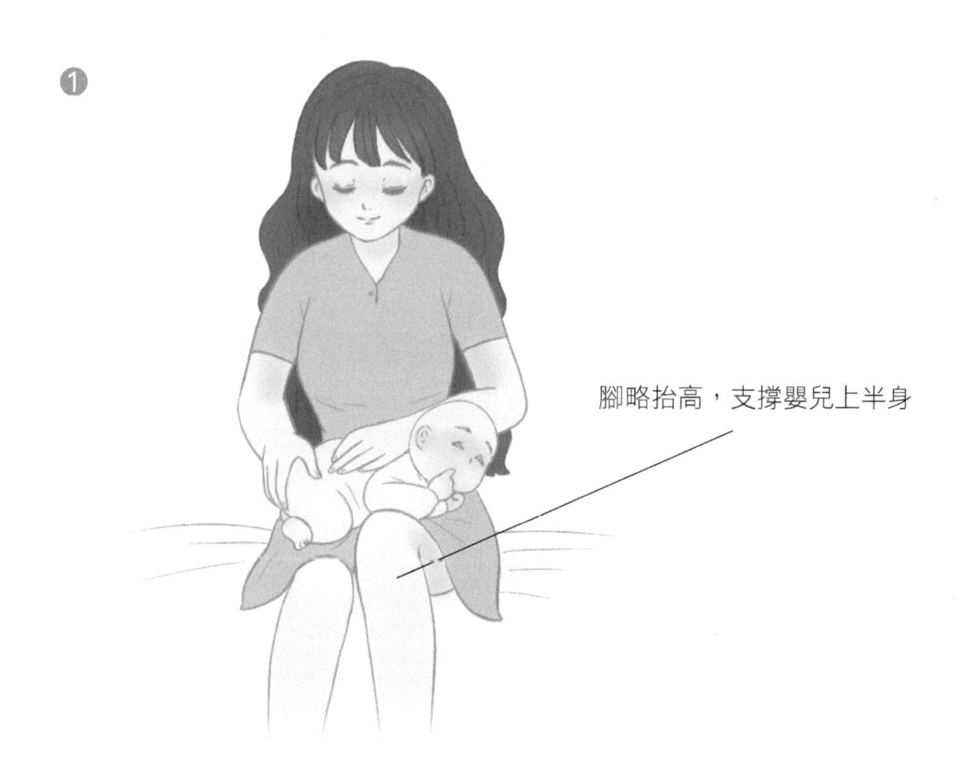

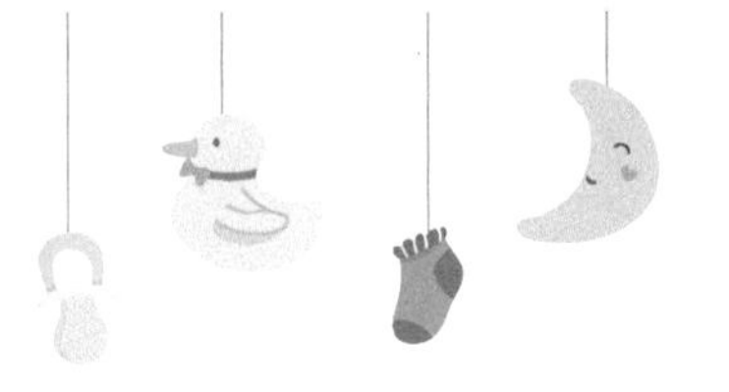

❷
用手指支撐頸部
用手掌支撐身體

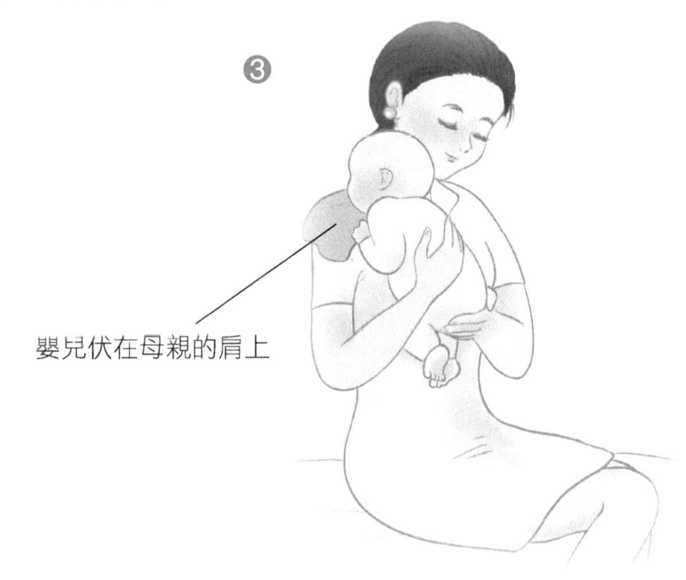
❸
嬰兒伏在母親的肩上

安全舒服地按摩嬰兒肚子的方法

❶ 肚風的成因

出生 3 至 4 個月的嬰兒都會有肚風，成因有幾個：

（1）嬰兒無時無刻在做吸吮的動作。

（2）沒有每天替嬰兒清潔鼻子，引致鼻塞，嬰兒會改用口呼吸，從而增加肚風、肚脹。

（3）嬰兒吃太多，消化不足（大便次數多）。

（4）有食物敏感，如牛奶。

通過適當的按摩，可以有助紓緩嬰兒肚風的問題。

❷ 按摩注意事項

嬰兒腹部的範圍很小，但有兩個重要器官，分別是左邊的肝臟及右邊的胰臟，如用傳統方法在肚子上打圈按摩會有些困難，嬰兒會有不舒服的感覺，也存在危險。

替嬰兒按摩的建議方法：

（1）將左右食指放在肚臍兩側，距離肚臍一個手指位的位置。

（2）用左右食指交替輕按，每次只按一邊。

（3）注意最初只可按 5 至 10 下，因怕父母力度太大。

（4）如大便不通，用傳統方法比較有效。

在這 40 多年工作經驗中，發現這個方法很有效，簡單又安全。嬰兒的反應很好，可以幫助嬰兒解決肚風問題。如嬰兒有敏感，一定要解決後，按摩才有幫助。希望能與父母們分享這有用方法。

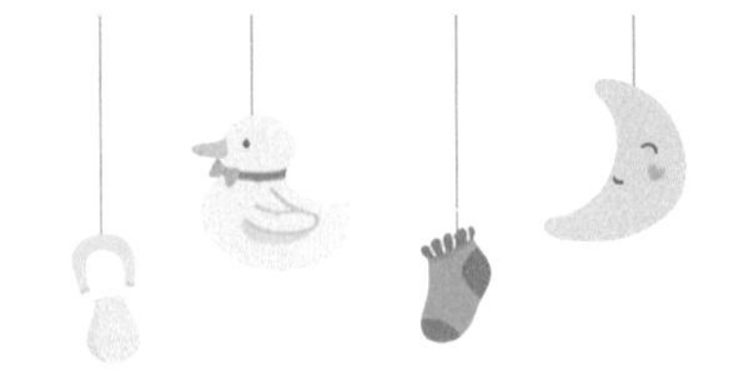

多奶 VS 少奶

有些母親以為愈多奶愈好，嬰兒可以吃得白白胖胖。其實，餵母乳最重要是供求平衡，太多或太少奶都不好。奶水太充足的母親，給嬰兒餵奶時乳汁不斷湧出，令嬰兒吃得辛苦，甚至嗆住。有時嬰兒吃飽了，但乳房仍有很多奶，又會造成乳腺堵塞的問題。

太多奶

如以下這個個案，有些母親根本不知道自己太多奶。有位母親已生了兩個孩子，第一個孩子是餵母乳，第二個孩子一出生就餵母乳，而且餵得很成功。但到了第七天，嬰兒好像忽然忘記怎樣吸吮母乳，吃了兩口便把嘴巴緊緊合上。

我去替她檢查時發現嬰兒體重正常增長，證明吃得夠。我再檢查母親的乳房，雖然沒有很多硬塊，但她的奶出得很多很快，差不多是湧出來，我懷疑就是這個原因令嬰兒在吃奶時嗆住，開始害怕吃奶。我教她改變餵奶的姿勢，由垂直 90 度坐姿改成半坐半躺的姿勢，必要時還可以平卧在牀上，讓嬰兒趴在她的身上吃奶，利用地心吸力減慢奶流速度。

❶ 多奶會發生什麼問題？

多奶引致奶流得太急，可能會產生以下問題：

（1）奶流得太急容易嚇怕嬰兒，令他們害怕吃奶。

（2）如處理不正確，有機會塞乳腺。

（3）因為時常流奶，為日常生活帶來不便。

❷ 為什麼會有太多奶呢？

最大的原因是餵奶姿勢不正確，嬰兒只吸吮了前乳，後乳仍留在乳房內。嬰兒只吃前乳是不夠飽的，所以隔不久又要吃奶，吃得頻密又會刺激乳房製造奶水，所以母親便會愈餵愈多奶，如此循環下去。

正如以下的第二個個案，這個母親因為發燒一天，乳房出現硬塊，出現紅、腫、痛等現象。在檢查時，我發現她很多奶，而嬰兒當時已經 7 個月大，這種多奶的情況很少出現。後來，我發現原來她餵嬰兒的姿勢不正確，再問她每天餵嬰兒的情況，才知道每次嬰兒吃飽後，她會再用泵奶機泵 10 安士奶，一天 3 次，共增加 30 安士，使乳房接收錯誤信息，供求不正確。

❸ 如何處理多奶和奶流太急的問題？

處理方法：

（1）餵嬰兒時採用正確的姿勢。

（2）慢慢減少泵奶的分量，最好用手擠奶一段時間，不宜用電泵，因為電泵馬力太大，會因減得增。

多奶的解決辦法是母親要保持正確的餵奶姿勢，每次餵奶時要保證嬰兒吃到後乳。後乳出得比較慢，有些嬰兒吃到後乳階段便想停下來，所以發現他停下來時，母親可用手將後乳推出來，使他繼續吃下去。每次餵完後乳之後，乳房都要有輕了的感覺才對。

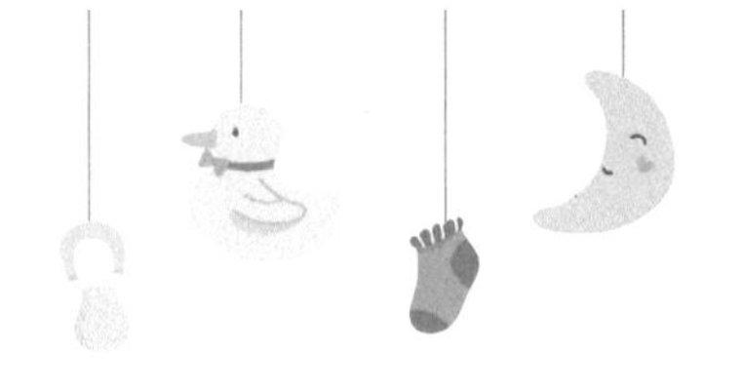

如果奶流得太急，解決方法非常簡單，只需改變餵哺姿勢，幾次之後問題應該可以解決。做法是母親在牀或梳化上斜躺 45 度或更低的位置餵奶，這樣會減慢奶流速度，最重要是不會讓嬰兒嗆到，因為嬰兒在半卧的位置，可以把多了的奶吐出來。另外母親也可以在餵嬰兒前先手擠一些前乳出來，因為前乳奶質稀薄，是出得最快的（注意要用手擠，不可以用泵奶機），先用手擠一些前乳出來可減慢出奶的速度，令嬰兒吃得舒服一點。擠 1 至 2 分鐘即可，若擠太久或擠太多奶，會增加奶量，反而令問題更加嚴重。

有些書指用手按住乳腺，可幫助減低奶流出的速度。但很多母親不知道該按哪裏，如按同一地方太久，有機會傷及乳腺而造成乳腺阻塞的問題。所以改變餵哺姿勢去解決奶流得太急的問題是較合適的。嬰兒吸吮正確，會令奶量慢慢調節至供求平衡，從而解決問題，減低母親們的憂慮，增加自信心。餵哺母乳的母親是較成熟的。

太少奶

更多母親遇到的是太少奶問題，這個問題更難解決。太少奶會令母親信心不足，旁邊的人又會質疑嬰兒是否吃得飽，有些母親就是在這樣的壓力下心灰意冷，結果放棄餵母乳。

以下這個個案很值得參考。這位母親已生了兩個孩子，她找我的原因是嬰兒老是吃不飽，體重上升不理想。我發現嬰兒吃奶的位置不正確，而她的乳房也比較鬆，不夠飽滿。我糾正了嬰兒吃奶的位置後再教她用手擠奶，叫她每次餵完嬰兒後再用手擠奶 10 分鐘，刺激乳房製造奶水。一星期後，當我再見她時，嬰兒重了不少，她的奶量也增加了很多。我問她吃了什麼，進步會如此快，她卻説跟以前沒有分別，但這個星期她沒有陪月員相伴，每晚半夜嬰兒醒來要吃奶時，都由她的丈夫負責用奶瓶餵，但她又不放心，所以自己也醒來在一旁用手擠奶。我聽了恍然大悟，母親太少奶的原因多數是：

（1）嬰兒吸吮位置不正確，吸吮時間太短，然後急急補奶粉。

（2）母親休息不足。

（3）母親心情太緊張，信心不足。

（4）過分倚賴泵奶機，嬰兒天然的吸吮比泵奶機更能刺激乳房製造奶水。

（5）錯吃了一些會收奶的食物，如淡豆豉、麥芽等；乳鴿、花膠、海參、燕窩、豬肝等高蛋白質的食物會令奶太濃，產生奶量減少的錯覺。

（6）不餵夜奶。

（7）先天問題，如乳房發育不正常、嬰兒舌頭短等。

供求平衡的原則

太少奶的問題愈早發現愈易解決。餵母乳是一個供求平衡的遊戲，多餵、嬰兒吸吮的位置正確，就自然上奶。導致現今香港社會母親太少奶的原因不多，其中一個可能是由於沒有餵夜奶。許多母親都有家傭或陪月員，餵夜奶的責任就會落在工人或陪月員身上，嬰兒深夜醒來就讓他吃早上泵出來的母乳甚至奶粉，以為這樣可以爭取時間讓自己休息，加速身體復元，殊不知這正違反了餵哺母乳供求平衡的原則。

母親的身體需要不停的吸吮刺激才可生產足夠的奶給嬰兒。在

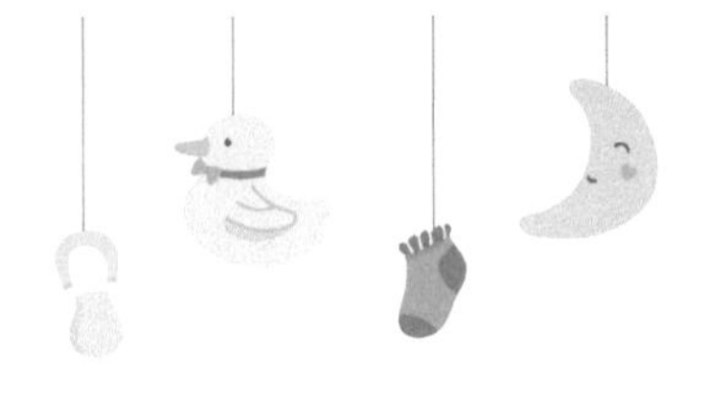

嬰兒初生期，最好每 2、3 小時就讓他吸吮一次，即使入夜後也盡量不要超過 4 小時不餵奶。待他的體重慢慢增加後，他自會逐漸戒掉夜奶，母親亦可一覺睡到天明。在最初的那段日子辛苦一點，又有什麼所謂呢？這麼多年來，我只遇過五六個乳量真正很少，卻找不出原因的母親，其中兩位是醫生，兩位是律師，可能與工作壓力有關吧！

乳房流奶是正常嗎？

流奶是母親身體的反射，經常流奶對母親會產生困擾，感覺不舒服及不方便。很多母親有誤解，覺得流奶愈多便代表自己奶量愈足夠。在我的經驗中，若母親經常流奶，可能是塞奶的先兆，是身體的反射要把奶流出體外，以減低塞奶的風險。

如果母乳餵得正確，母親只會在以下情況流奶：

（1）餵奶前的反射。

（2）當聽見嬰兒哭聲或嗅到嬰兒氣味時所產生的反射。

因此，不是流奶愈多，就代表有足夠母乳；不流奶也並不代表奶量不足！

前乳和後乳

母乳分前乳和後乳兩部分。前乳很稀，主要是水和乳糖，出得很快，吸引嬰兒繼續吃下去；後乳含蛋白質和脂肪，營養豐富，而且可令嬰兒飽肚。餵母乳一定要令嬰兒吃到後乳，要不然母親和嬰兒都會出問題。

嬰兒吃不到後乳所產生的問題

❶ 對母親的影響

後乳留在乳房內會令母親產生奶量減低的錯覺，因嬰兒只吃前乳不夠飽，每小時也需要餵奶，但每次餵完，不覺乳房有變鬆及輕的感覺，而且乳房上奶好快，如果不解決問題，過一兩星期，便會發生乳腺被後奶堵塞的問題，嚴重的更會變成乳腺炎。另外母親們缺乏休息，身體非常虛弱及變得缺乏信心，也是餵母乳不成功的原因。

❷ 對嬰兒的影響

（1）經常哭：由於吃不飽，所以要不停餵奶，令肚子變脹及變硬，肚內亦有很多風，導致嬰兒睡不熟，要抱着睡。

（2）大便多：比較流質及多泡泡，顏色呈黃色或黃綠色，這是只餵到前乳的特徵。

（3）屁股紅：因大便帶酸性，灼傷了嬰兒的皮膚。

（4）膚色偏黃，因為吃不到後乳，導致黃疸很難減退，嚴重可以持續幾個月不退。後乳含有的脂肪和營養素，能有效令肝臟排出體內的黃疸。

（5）嬰兒因添加奶粉或母乳，產生進食過量的問題。

（6）嬰兒體重不理想。

如何改善問題？

要讓嬰兒吃到後乳，餵哺的時間非常重要，一邊乳房必須餵 20 至 30 分鐘。嬰兒多在吃了 15 分鐘後便停下不吃，放上牀 30 分鐘後或會醒來，這時母親就用同一邊乳房多餵 10 至 20 分鐘，可以做 2 至 3 次才轉另一邊乳房。這個做法可以確保嬰兒吃到後乳，過一天後，就能發覺嬰兒減少哭，母親的乳房也有變輕的感覺，感到心情平靜，因為後乳產生的安多酚起了安神作用。

吃不到後乳導致「吵百蘿」？

大家有否聽過長輩說某家小孩小時候「吵百蘿」，長大後又高又大？什麼是「吵百蘿」？這是指新生嬰兒哭 100 天，即 3 個月。為何會是 100 天，不是 200 天？

專家解釋初生嬰兒的腸胃仍未成熟，經過 3 個月的發展，腸胃才開始成熟。而我的理解是從前的母親大多數在家照顧小孩，即使需要下田耕種，仍會帶着嬰兒一起。當他們哭鬧時，就會餵哺母乳，但餵哺時間可能很短，所以很大機會只能吃到前乳，引致肚風及肚痛等問題。

現今餵哺母乳的文化是建議母親每次的餵哺時間不少於半小時，令嬰兒吃到後乳的機會增加，減少肚風及肚痛等問題，大部分敏感的嬰兒於 3 個月內會有顯著的改善。根據我觀察所得，正確餵哺母乳的方法，可以減低「吵百蘿」的機會。

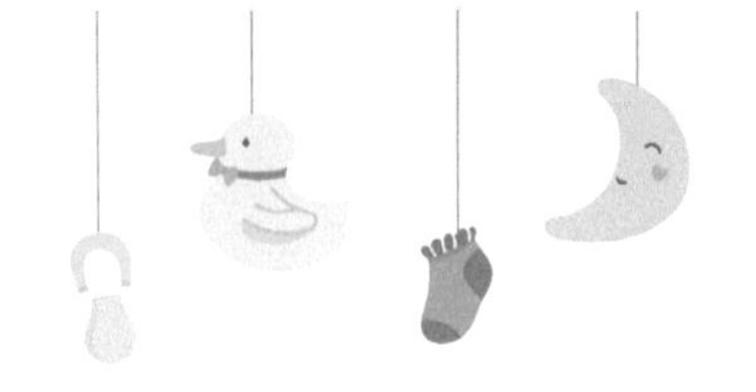

如何減低黃疸

在 1998 年，我遇到一對年輕夫婦，他們的嬰兒剛滿月，體重增加很理想，由出生時的 3.5 公斤，到滿月時已有 5 公斤，但他的面色很黃，醫生建議他們不要再餵母乳。這對夫婦很想繼續餵母乳，所以找我幫忙。

我檢查這位母親的乳房時，發現她的乳房很脹，有很多硬塊，已到了乳腺堵塞的地步。再看那個嬰兒，很胖，但臉色很黃。他的肚子很脹，很多風，屁股也是紅紅的。這位母親告訴我，她的孩子吃得很多，差不多每小時都要餵一次。我想，應該又是吃不到後乳的問題了。

我叫她餵一次奶給我看，如我所料，嬰兒吃奶的位置並不正確。我糾正了嬰兒吃奶的位置，並叮囑這位母親一定要讓嬰兒吸清一邊乳房才讓他吃另一邊，要確保他吃到後乳。

一星期後我再去見他們，嬰兒的面色白了很多。母親開心地告訴我，嬰兒的黃疸指數降了差不多 100 度，已接近正常，再過一個星期就完全正常了。這個個案證明讓嬰兒吃到後乳是多麼重要！

乳脹的預防及處理方法

母親餵哺母乳最痛苦是乳頭傷痛和乳脹的問題。產後 3 或 4 天，大部分母親便會遇上乳脹的情況（俗稱「上奶」）。為了有足夠的母乳供應給嬰兒，乳房內的血液及淋巴液會增加運作，這個時候會出現正常的乳脹 (primary engorgement)，只要嬰兒一開始吸吮母乳的方法正確，乳脹的情況會得到紓緩。當第 5、6 天「上奶」後，每次嬰兒吃完奶，乳房會有輕了的感覺。正常情況下，嬰兒可以睡上 2 至 3 小時不等，每天有 6 至 8 次小便，以及 1 至 2 次黃色大便。

較嚴重的乳脹 (secondary engorgement) 發生於 2 至 3 星期後，母親有可能先出現乳管阻塞的現象：出現硬塊、紅、腫、痛。此時，乳汁開始減慢，嬰兒吸吮時間增加，母親便產生奶量不足的感覺，而且吸吮後不覺乳房有輕鬆感。我們若不了解的話，便會以為奶量不足夠。其實，這時候母親的奶量相對來説是增多了，這是供求的原理。另外，母親需要第一時間處理乳管阻塞的問題。否則，會出現嚴重的乳腺炎。

乳腺炎的徵狀

乳腺炎的徵狀除了紅、腫、痛及全身骨痛外，還可能會發高燒達 39 度或以上。另外，還有一種比較簡單的分辨方法——可以嘗試乳汁味道。正常是微甜味，而開始發炎時會變成鹹味，若已經有膿液

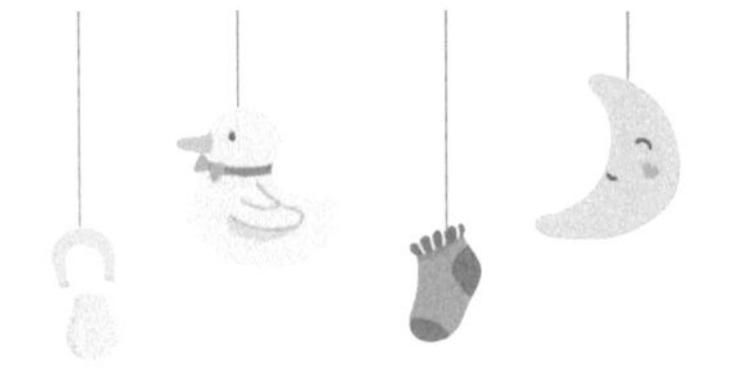

則會變成酸味。再細心觀察的話，會看見奶瓶底部有一層厚厚的沉澱物。

母親亦需要注意產後流汗。產後會比較多汗水，但如果需要常換幾次衣服，而時間又在產後 3、4 星期，加上奶上得很急，這也是初期開始出現問題的現象之一，但可惜普遍母親只覺身體未復元，更加進補。

作為一位母乳育嬰工作者，我主要處理的工作分兩部分：

（1）嬰兒的健康：嬰兒是否吃得飽？體重有否增減？若嬰兒出現如黃疸徵狀，我會建議即時找醫生。

（2）母親方面：要幫助母親預防乳頭破損，解決乳汁太少或太多而導致乳管阻塞、出現乳腺炎等問題。

母親如果在產後頭兩天便找專業人士教導正確的哺乳方法，可大大減低乳脹的情況，嬰兒更可以吸到初乳。初乳較濃，含有高脂肪、高蛋白，並有多種抗體，營養非常高，對初生嬰兒非常重要。現在的社會較以往富庶，人們吸收的營養太足夠，很多女性有乳腺增生的問題。如果增生的乳腺太接近乳暈，出現乳腺阻塞或乳腺炎的機會比較大。當然，也可能因為她們的奶量同時比較多。所以如果嬰兒出生的頭兩天沒教懂他們正確的吸吮姿勢，到第三或第四天乳脹後，或到兩星期後出現乳腺阻塞或其他問題後，才找母乳育嬰工作者幫忙，到時情況就會比較困難。而且出現乳脹或乳腺炎的情況後，許多母親也選擇不繼續以母乳餵嬰兒。

因乳脹而不授母乳並非解決問題的方法，應該尋找導致乳脹的原因才對。在此，我希望與大家分享以下的個案。

個案分享

❶ 個案一：重複出現的腫塊

這位母親誕下第二胎，當時嬰兒 4 個月大，全母乳，有用泵奶器。那時候，母親發現其中一個乳房內有一團腫塊。若將乳房比喻作時鐘，我檢查後發現那個腫塊是在時鐘 12 時的位置，約一個 5 元硬幣般大小。我每次也花幾小時去清理那團腫塊至幾乎不見，但每次回來檢查時，它又變回 5 元硬幣大小，甚或更大，不過每次都可以清除。這團腫塊並沒有讓該位母親覺得痛或紅，亦沒發燒，擠出來的奶很清，並沒異樣。

想來想去，我發現這位母親的乳暈上方有一條約 1 至 2 厘米的壓痕，這時我才恍然大悟。可能這位母親用泵奶器時，泵奶器壓在其中一條乳腺上，令奶聚在這條乳腺，形成腫塊，所以每次都可以清除，但第二天又打回原形。為了確定我的想法，我寫信並將推想的情況畫下來，先請她去照超聲波，看看是否有膿包或先天乳腺出了問題。結果，報告如我所畫的圖一樣，證明那腫塊是一團奶。在此之前，我也想像不到一條乳腺可以脹得這樣大。基於這位母親的信任，我每天都要花 2 至 3 小時去除腫塊，用了 5 天時間才找出這問題，真不容易呢！

❷ 個案二：乳房四分之三的腫脹

主角是個案一那位母親的妹妹。她的嬰兒 3 星期大，餵母乳，情況也很特別。這位母親其中一個乳房的四分之一平坦，沒乳脹的問題，但另外四分之三卻脹起了。我小心檢查後，發覺她的乳房並沒有乳腺阻塞的問題，沒有硬塊，不痛，不腫，奶的顏色正常，她的體溫

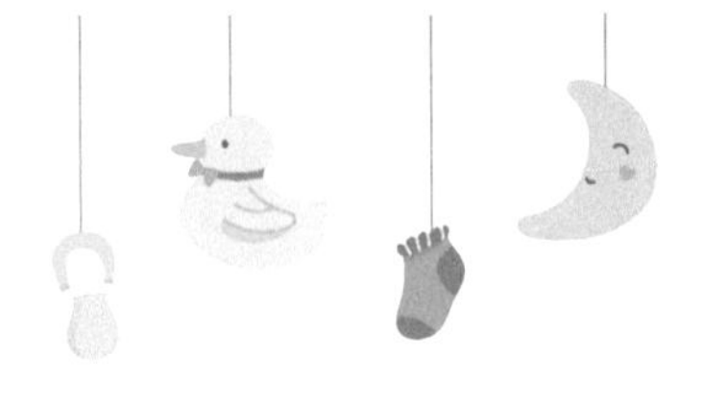

也正常。於是我想或者是家族遺傳的問題，只好先請她去照超聲波。報告說那四分之一的乳房的乳腺正常，但沒有產奶，而那四分之三的乳房也沒有見到腫塊。聽到報告後大家都安心了不少，我建議她一定要餵母乳 1 年或 2 年，減低將來患乳癌的機會。

❸ 個案三：如何處理發炎？

這位母親左邊乳房有紅、腫、痛的情況，檢查日的前一個星期曾發燒。當天，我發覺她的乳房在時鐘 12 時至 4 時的地方很硬、很紅、很腫，同時她覺得非常痛。根據經驗，我知道這位母親的乳房情況已惡化為膿包，所以請這位母親去看醫生，並建議開刀。不過，她不希望開刀，所以只吃消炎藥、抗生素及止痛藥，待第二天膿包成熟時，才將膿推出來。

同時，我們也要教導嬰兒正確的吸吮姿勢，吸吮多些奶，減低母親乳房的壓力，有時嬰兒更可以幫母親將膿吸出來。如果用人手將膿推出來是非常痛的，更何況這位母親有 3 個成熟期不一的膿包！踏入第三個星期時，這位母親想照超聲波看看情況如何，我將她的情況寫下，並畫圖讓她帶去見醫生。報告顯示，她的乳房在時鐘 12 時至 3 時的地方有 3 個陰影，中間那個是膿包，而另外兩個是乳腺阻塞的徵狀。最後，我們花了 6 星期清理膿包，終於大功告成。

在這 6 個星期裏，我感受到這位母親的意志力非常強，她堅信授母乳對嬰兒的健康很重要，所以願意忍受這 6 星期治療的痛楚。這位母親對母乳的信心如此大，是因為她母親用母乳餵哺她的其他兄弟姊妹，他們的身體非常健康，但她是唯一吃奶粉長大的，平時比其他兄弟姊妹多病痛，所以她堅持要餵母乳，使孩子健康成長，當中另一重要原因是家人的支持。

最初我每天都花 3 小時為她推膿，教嬰兒正確的吸吮姿勢。這次治療，嬰兒也幫了我們很大忙，因為他吸吮 15 分鐘等於我們人手推 1 小時。尤其是當時這位母親的奶黏性很強，加上有膿，要推出來有難度，而且也很痛。要知道母親康復情況及進度，可從奶的顏色推斷。每次推出膿後，看見奶也漸漸變白，母親的腫脹及痛楚便會慢慢減輕。

我擁有的這些知識是與各位母親一起學習而來的。每次她們提出問題，我都會細心聆聽、思考及分析，嘗試為她們解決問題。

如何預防乳脹？

（1）嬰兒一定要有正確的吸吮姿勢。

（2）嬰兒吃奶時，可以同時用手推奶；每次餵完嬰兒後，應感覺乳房輕鬆。

（3）可以轉換餵嬰兒的位置，例如使用挾球式。

（4）最初幾個星期不適合用泵奶機，因為吸不出後乳。

（5）不要穿太緊及有鐵線的胸圍。

（6）如果嬰兒眼睛發炎，也要小心細菌會進入乳房。

（7）每天至少要花 5 至 10 分鐘推出後乳的乳汁。

（8）如有問題出現，應盡早找專業人士指導。

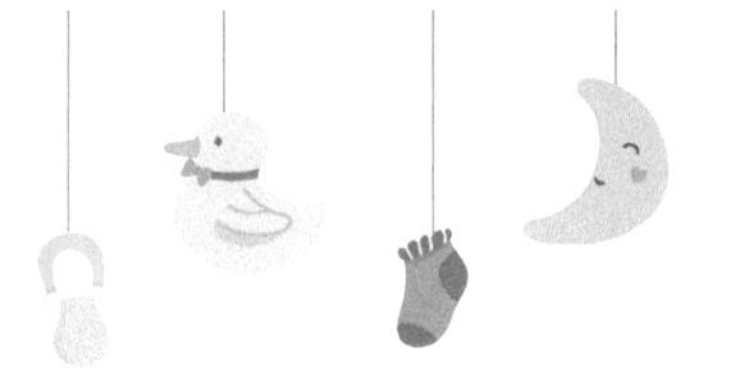

處理乳腺阻塞的方法

（1）用攝氏 27 至 32 度（華氏 80 至 90 度）的熱水敷乳房 5 至 10 分鐘，令乳腺擴張。

（2）給嬰兒吸吮乳汁時，母親需用手指推有阻塞的乳腺，讓嬰兒吸出濃稠的乳汁。

（3）用手推開硬塊，直至乳汁暢通流出，硬塊變細。

（4）最後用冰敷乳房 15 分鐘，但不可以放在乳頭上。另外，亦可將椰菜葉洗淨後，一片一片放進膠袋，再放進冰箱冷藏，之後用冰椰菜葉敷乳房 1 至 2 小時，同樣不可以放在乳頭上。需注意的是，冷敷可止痛，但用太多次可能會減低乳量。

（5）每 2 至 3 小時便要給嬰兒餵母乳，如果乳腺阻塞情況沒有改善或更嚴重，有可能會惡化為乳腺炎。

（6）看醫生及找專業人士處理。

什麼時候要找幫手？

當感到乳房出現乳腺阻塞的問題時，除了看醫生外，最好即時找母乳育嬰專科人員幫助疏通乳腺。如果置之不理，到發燒時已屬於乳腺炎現象，是很可怕的。第一次發燒大概只維持一天就會退燒，所以很多母親也不理會；但出現第二次發燒時，其實情況已經很惡劣，只要再過幾天就會形成膿包，導致乳房非常痛，還有可能要即時動手術把膿液清除。故此，在第一次發燒時，就需要馬上找母乳育嬰人員處理及看醫生。

斷乳方法

自 1998 年開始，我為世界衛生組織前線工作了接近 10 年，除了餵哺母乳問題，最常遇到的問題是如何斷乳。世界衛生組織認為嬰兒最早的斷乳時間是 6 個月大，至 2 歲後也可以。

母親們需明白人體的自然反應，如上文提及，若嬰兒的吸吮次數多，母乳會隨着嬰兒的需要而增加，這是自然定律。所以，斷乳也應隨這定律進行，嬰兒吸吮次數減少，母乳也會減少。不過，要 6 個月前的嬰兒斷乳則比較麻煩，因為在此之前，母乳是嬰兒的主要食物，他們較難適應。

斷乳的重要原理是不要操之過急，要給予時間母親的身體慢慢適應，減低乳脹的問題。

斷乳的做法

（1）第一天只斷一頓母乳。

（2）第二天再減一頓，如果第一天是中午時斷乳，那第二頓最好是晚上 10 時。

（3）第三天如果有乳脹的情況，可因應情況不要再減，等身體適應後再減。

（4）第四或五天後可以只減半頓，即如嬰兒平時吃 20 分鐘奶，這頓

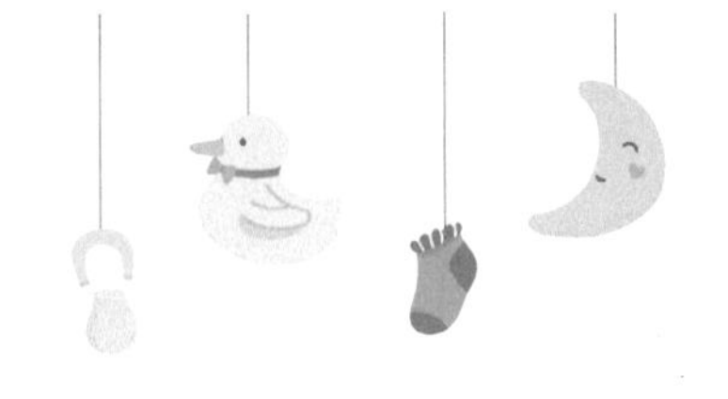

便只餵他 10 分鐘，另加半頓奶粉。

之後，用 2 至 3 天時間讓母親的身體慢慢適應，嬰兒也慢慢適應。但是，如果發現嬰兒不適，可以馬上回復母乳餵哺。直至完全減停所有母乳或只餘一頓母乳時，這時候幾乎每個母親都會遇到以下的問題：乳脹、痛、腫、硬，更可能會發燒。

這時候，你可以用手推出不要多於 1 安士（30 毫升）的母乳，令乳房舒服一些，但如果推得太久，會令母乳增加，所以要小心處理。另外，亦可以用冰敷減低痛楚。有些母親會服中藥斷乳，但只在這時候吃才有用，亦要注意不能超出 3 次。一般情況下，服兩帖中藥已經足夠，有些母親甚至不需要服中藥也能自然斷奶。至於為什麼一開始斷乳時服中藥沒有用呢？那是因為母親們的荷爾蒙太高，所以要到斷乳末期才適宜服用中藥。

如果處理得當，斷乳的過程並不會太痛苦，希望以上知識令每位母親明白自己身體構造吧！

嬰兒固體食物

嬰兒初學吃固體食物，是屬於社交技能之一。

嬰兒何時開始學習吃固體食物？

世衛的指引是 6 個月大的嬰兒應該開始學習吃固體食物，如太早給嬰兒吃固體食物，怕會引起腸胃敏感。根據我的經驗，有些嬰兒在 5 個多月就開始吃固體食物，也有些嬰兒到 7 個月才肯開始學習。原因是每個嬰兒知道自己的腸胃何時適合吃其他食物，大家不應一本通書讀到老，要小心聆聽自己嬰兒的信號。

我是屬於 1970 年代的英國護士，當時會在嬰兒 3、4 個月便開始給他們吃固體食物，後來世衛發現這樣引起了太多敏感，才建議嬰兒在 6 個月大開始吃固體食物。

我母親對我說，在 1950 年代，嬰兒 1 歲才開始吃固體食物，當然一開始是吃粥或稀飯，而且她們餵母乳至嬰兒幾歲大。我有訪問朋友的媽媽，她說當年也是 1 歲才開始給嬰兒吃固體食物。

資訊錯誤

現今對於嬰兒轉吃固體食物有很多錯誤的資訊，如嬰兒要多吃菜，才有大便；要多吃高蛋白質食物（如肉類），少吃穀米食物等，這些全部不合理，理由如下：

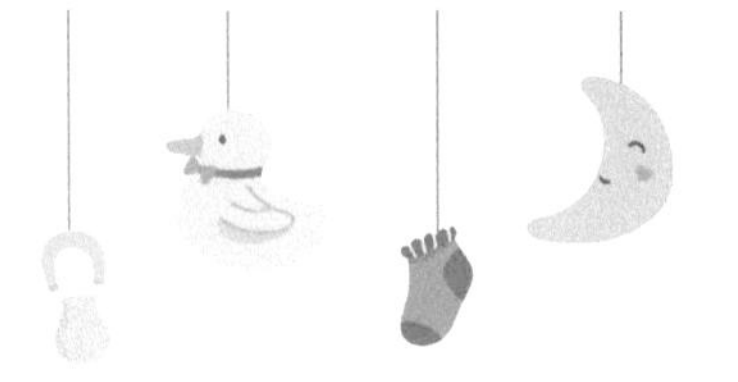

（1）嬰兒吃太多菜，會增加他們腸胃的負擔，消化不良會令嬰兒沒有胃口吃其他食物。此外，大便會變得很硬，令嬰兒排便困難。

（2）太多蛋白質容易引起敏感，特別是對奶粉敏感的嬰兒，所以分量要小心。

（3）穀米是碳水化合物，能夠增加能量，而且容易消化及吸收。嬰兒活動力強，最需要能夠增加能量的食物。

分量配合

那多少才是適量？以下提供一個大概標準給大家參考。

❶ 一歲以下的嬰兒

6 個月大：開始進食糊狀食物、米糊，之後加菜汁，然後可以加 3 條手指大小的肉來煲粥（只是要些許肉味讓嬰兒習慣）。

7 個月大：菜半湯匙、肉 1 茶匙、碳水化合物 2 至 4 湯匙。

8 個月大：菜 1 湯匙、肉 2 茶匙、碳水化合物 3 至 4 湯匙（粥）。

9 至 12 個月大：菜 2 湯匙、肉 1 至 2 湯匙、碳水化合物半碗至 1 碗（稀飯或飯）。

9 個月大的嬰兒可以開始吃「手指食物」，把菜或水果切成長條形，嬰兒可自己拿起進食，以增加手眼協調，對腦部發育也有很大的幫助。

❷ 一歲以上的小孩

菜 2 湯匙至 3 湯匙、肉 1 至 2 湯匙、碳水化合物半碗至 1 碗（除了飯，還可以吃通心粉、麵等）。

1 歲半至 2 歲的小孩可以與父母一起吃飯，讓孩子學習桌上禮儀及與家人有互動機會。

❸ 兩歲的小孩

菜不應多過 3 至 4 湯匙、肉不應多過 3 湯匙，碳水化合物分量可以隨意。

小孩要少吃多餐，餐與餐之間可以加些水果、碳水化合物、母乳、奶類或清水。至於調味方面可以使用少許有機醬油或鹽，須少甜、少鹽、少油。

雞蛋是優質蛋白質，含鐵質、維他命 B 等，可以給 9 個月大的嬰兒吃四分之一個蛋黃，然後以漸進式加至一顆蛋。

深綠色菜含有鐵質，要令小孩首先由吃菜開始，不要先吃水果，先淡後甜。這是我的經驗，可以減少在吃菜上與他們每天糾纏。

重要事項

（1）如何知道小孩的食物合適，分量足夠？只要小孩吃得好，大便正常（這點很重要），體重正常，開心即可。不用跟其他孩子比較，因先天也會有影響。希望父母們明白，不要經常擔心小孩營養不足。

（2）世衞建議母親先餵嬰兒母乳後才餵固體食物，因為母乳營養高，可以減低敏感，亦能增加親子互動。那嬰兒 6 個月後是否需要轉「大仔奶粉」嗎？「大仔奶粉」含有太多蛋白質，而嬰兒亦開始吃蛋、肉類等優質蛋白質，過多的蛋白質有機會誘發敏感。

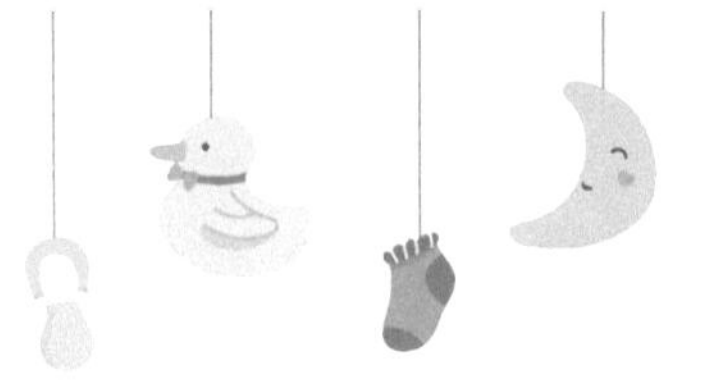

（3）人體很容易吸收糖分，過量的糖分有可能引致小孩過度活躍。日常很多食物也含有糖分，例如水果，澱粉食物經消化後也會轉化為醣，應避免給小朋友吃糖果、朱古力等甜食。

（4）每種食物吃一星期才轉新食品，這樣母親們可以察覺小孩對該食物是否會產生敏感。小孩敏感會出現不同的症狀，例如出紅點、流眼水、流鼻水、鼻塞、耳朵發紅發熱等。

素食餐單

現今社會不只成年人是素食者，小孩也可以為素食者，膳食纖維尤其對嬰兒腦部發育有幫助，以及減少患病機會。以下幾款餐單適合6至9個月大的嬰兒食用：

（1）番茄1小個（去皮去核）、紫菜1湯匙、椰菜蓉1湯匙、薑絲少許、米2湯匙、水適量，煲成粥，加鹽調味。

（2）白菜蓉1湯匙、薯蓉1湯匙、甘筍蓉半湯匙、米2湯匙、水適量，煲成粥，加鹽調味。

（3）南瓜蓉2湯匙、薯蓉1湯匙、眉豆半湯匙、米2湯匙、薑絲少許、水適量，煲成粥，加鹽調味。

（4）水滾放米1湯匙，清水煲成粥，然後加甘筍蓉半湯匙、菠菜蓉半湯匙、薑絲少許，滾一會，加鹽調味。

（5）粥內可額外加腐皮、菇類、豆類（磨成粉）、高湯等。

（6）高湯做法：黃豆（浸1至2小時）、菇（冬菇、草菇、猴頭菇等）、海帶少許、薑少許。把高湯分放於小膠盒內，可以分開數餐使用。

（7）雜菜湯做法：椰菜、薯仔、西芹、番茄、紅蘿蔔、薑少許。

均衡素食令身體健康，更是環保，令地球更健康。

4 新手媽咪錦囊

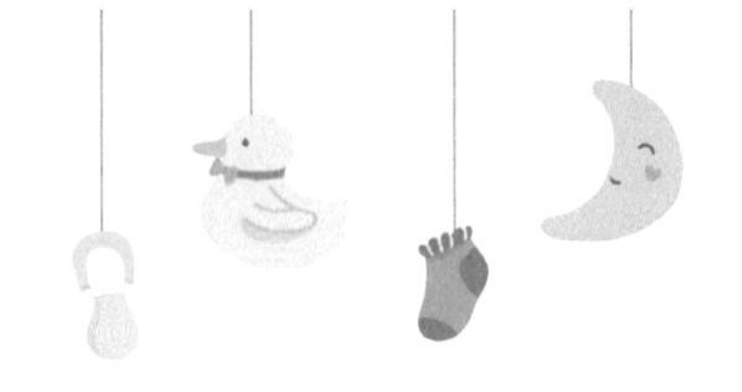

我的臨牀經驗

餵哺母乳是否母親的天賦本能？當我還是助產學生時，在一間醫院內有 20 張牀位的產後病房工作。20 位母親中，僅有一位是餵母乳，其餘全都用奶瓶。

有一天，護士長吩咐我去幫助一位母親餵嬰兒母乳，當時我感到莫名其妙：「什麼？餵母乳還用教嗎？」記得我母親餵弟妹們母乳時，並沒要人教她任何技巧。而我又記得我家鄰居餵其嬰兒母乳時，一群孩子站在旁邊圍觀，與她有説有笑。那時我還天真地相信哺乳是一種天賦的本能，於是我過去幫這位母親，豈料我跪在她旁邊足足半小時，竟然無法使嬰兒成功吸吮母乳，弄得那嬰兒大聲嚎哭，手腳舞動得像蟹爪一般，最終我沒幫上忙，只好向護士長求助。結果她要我以奶瓶取而代之。

在 1970 年代中期，餵哺母乳對護士來説尚屬新鮮，就算是護士長也會手足無措，毫無經驗。在我受訓的一年期間，只遇過兩三位母親用母乳餵自己的嬰兒。

以下的經驗，使我了解且對我在教授餵哺母乳的技能方面有所增長。

敏感的嬰兒

我受訓的醫院之中，有個規模很大，約有 50 張牀位的特別嬰兒護理病房，當時是不允許護士抱起嬰兒來餵奶的，我們只能以一隻手托高嬰兒的頭部，在小牀裏用奶瓶餵他們，除僅有的一隻手外，我們與嬰兒之間，完全沒有其他的身體接觸。

曾有好幾次，我餵了未足月的嬰兒後，再餵足月的嬰兒，我發現足月的嬰兒即使餓得不得了，也會有拒吸奶瓶的傾向。我已習慣了不顧他們的反抗，硬將奶嘴塞入他們口中，但皆未見成功，為此我心裏一直感到很納悶，心底裏問「為什麼？」我肯定當時嬰兒的確十分飢餓，於是我走出房間一會兒，使自己放鬆下來，之後再試着餵他們，這次終於奏效了，嬰兒迫不及待地含住奶瓶。

經過一段時間的反覆思索，我突然了解到，我的緊張情緒會經由我的手，傳送給嬰兒，令他們對我產生不安的感覺，因而拒絕吸食牛奶。但我的緊張又是從何而來呢？答案是那些未足月的嬰兒是十分難餵的，每個護士每次大概要餵三個未足月的嬰兒，所花的時間可能有一個半小時之多。

每天下班後，我都感到精疲力盡和有一股莫名的惱怒，因為我的手臂及背部皆痠痛無比。再説，不准抱嬰兒也是一種無形的壓力，使我倍感沮喪無奈。從以上的經歷，也使我意識到原來這些小生命是非常敏感的。

向母親學習

1970 年代後期，餵哺母乳開始受到西方人士的注意。我在一間私家醫院工作，幾乎有 60% 至 70% 的母親餵哺母乳。在那段時間裏，讓我學到及領悟出許多與餵哺母乳有關且常見的問題，但對於餵哺母乳，我仍然缺乏知識和技巧，因此令我遭受過很多挫折和自己沒

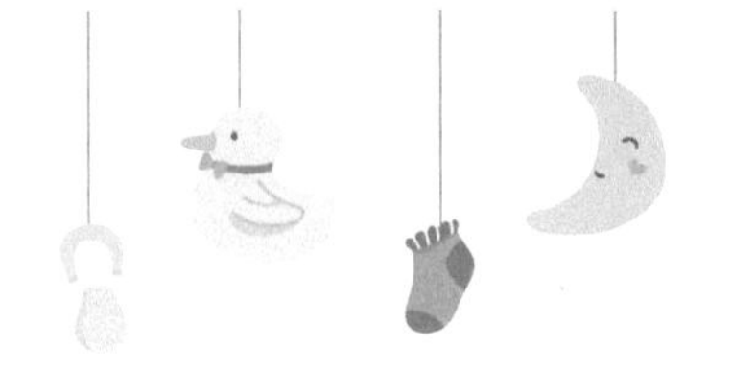

有察覺的錯誤。我認為助產士應是母親們信賴的對象，但我卻苦於不知如何幫助她們解決問題。

當然我也有過成功的經歷，就如以下這位母親，餵哺母乳對她來說輕而易舉，似是一種本能，於是我未有放過任何向她學習的機會，我時常坐在一旁看着她餵哺嬰兒，同時也試着去了解她的家庭背景。

她是法國人，住在一個小鄉村，那裏所有的人都餵母乳。她在育嬰室工作，並曾向我講起一個發生在育嬰室裏的故事：那裏的職員可帶自己的嬰兒來上班，她有一位同事的孩子經常生病，醫生卻找不出任何不妥的地方，但最終發現這孩子是嫉妒母親照顧其他孩子。那個同事辭職後，她的孩子也跟着康復了。

另外，我還發現一些有關她餵哺母乳的秘訣。首先她對抱嬰兒似乎很有經驗，可以輕鬆地抱着嬰兒；其次，她的坐姿很舒服；再者，她餵嬰兒的方式顯然與眾不同，她是用自己的大肚子去承托嬰兒。

授乳不成的打擊

以下是另一位德國婦女的個案，她是位成功的商界女性，36 歲，那次懷孕是原先計劃好的，她希望能將世間一切最美好的東西全都給予嬰兒。當她知道自己懷孕時，便立刻辭去工作，謝絕所有社交活動。她改變生活方式，是為了進行胎教，使嬰兒在其子宮就有良好的開始，處於正常健康的環境。

我記不清楚她是順產還是剖腹產子，只記得她曾留院 16 天，為的是要試餵嬰兒母乳，她自備冰箱帶入醫院，以存放額外的牛奶和蒸餾水。她聽信任何能使她增加乳汁分泌量的建議，無奈即使她喝了大量的水，她的乳汁供應量依然很少，而令她最感痛心的事，莫過於每次餵哺時，嬰兒總會啼哭掙脫她的乳房，加上嬰兒的體重不斷下降，這更令她的心靈大受打擊。這位母親已盡其所能想把一切做到最好，但最後她始終要接受自己無能為力再繼續餵下去這個事實。

從這個案看來，其中最糟的是這位母親因親授母乳不成，內心感到十分歉疚，怪罪自己未能克盡母職，使嬰兒有最好的開端。而我個人的感受也似乎與她雷同，為了自己無法幫她解決問題，內心也覺得自己是個失敗的護士。

話又說回來，假如此事發生於現今，至少我能點出她的問題。其實，她的奶量減少是基於 3 個原因：

（1）情緒太緊張。

（2）沒有獲得充分休息。

（3）嬰兒餵哺的位置不正確。

嬰兒在吸吮母乳時感到困難，往往是因為母親過於緊張，引致嬰兒缺乏安全感。因此產前的準備工夫，對於預備餵哺母乳的母親是十分重要的。

丈夫不支持餵母乳

另一個案，地點是同一間醫院內，我負責幫助這位產婦分娩，之後將她送回病房。我問她是否選擇餵嬰兒母乳？她說想，可是她的丈夫不贊成，因餵母乳會對他們的社交及戶外運動帶來不便。她更向我透露另一件不開心的事，她的丈夫不希望太早有孩子，而她處於自己母性之道與丈夫反對聲之間。最後，她決定放棄餵母乳，這決定顯然令她心情放鬆。

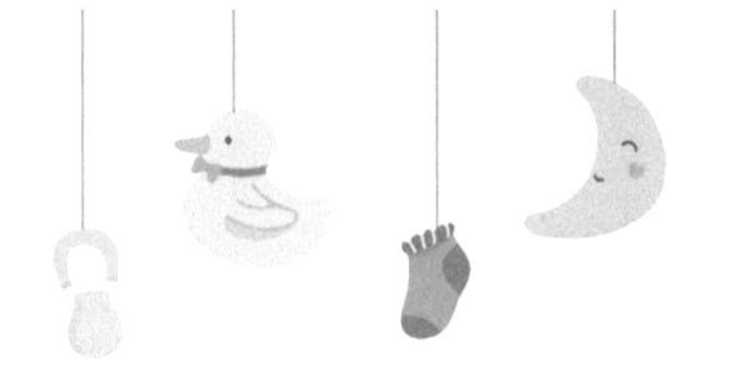

為何我對這個案記憶猶新？因為這位母親感到處境孤立，並向我吐露對問題的真正感受。我只能建議她嘗試餵哺母乳，假如她感到不開心，可以改變主意。哺乳是很費神及費力的工作，實需丈夫的鼓勵及關懷才可以成功進行，而母子間那份親密溫馨之情也希望能與丈夫分享。

澳洲體驗

以下的個案發生於 1980 年代後期的澳洲，那是間很大的教學醫院，我工作的病房有 28 張產後病牀，產婦的流動率很高，約有 90% 的產婦親自餵哺母乳。令我感到訝異的是，她們竟有一般 1970 年代哺乳母親所慣有的毛病，例如乳頭傷痛、乳脹，以及很難將嬰兒放上乳房等。

當時，相比其他醫院，這醫院聘有餵哺母乳的專門顧問，及備有許多有關餵哺母乳的參考書籍。但顧問也只是來去匆匆，問題還是全留給助產士去解決。曾經有好幾次，他們講的是長篇大道理，理論多多，但仍然解決不了問題。

在那裏工作的幾年間，我讀遍了有關餵哺母乳的書籍，找出不同的方法去解決問題，而我發現並非書中所論及的每種方法皆能解決問題，成效實在因人而異。對助產士來說，當發現自己提供給對方的建議，會令其受用不淺，便定能獲得工作的回報，也就是所謂工作上的滿足感。故聆聽與觀察母親及嬰兒雙方的反應，對於助產士是非常重要的。我發覺由產婦身上學到很多，而閱覽群書又能將我所累積到的經驗加以證實，更有融會貫通之效。

吸吮奶瓶與吸吮乳房，有分別嗎？

有些個案也令我意識到自己當了這麼久的助產士，竟忽略了重要的一點。有位母親告訴我，她的嬰兒誤以為她的乳頭是奶嘴。我問她，何以見得？她說由嬰兒吸吮的方式可以感覺出來。對我來說，這倒真是新奇的資訊。她是我所遇到的一位果斷力高，常識豐富，且對一般事物具有高度領悟力的母親。最初她是餵母乳的，但後來因產後發燒而暫停，直到她康復後才繼續。在重新恢復餵母乳前，她曾用奶瓶餵了嬰兒 3 天。

以我當時的經驗所得，這位母親會遇到以下問題：

（1）不能將嬰兒放上乳房。

（2）嬰兒會拒吸她的乳頭，因為感覺上與奶嘴不同，對乳頭產生混淆不清的現象。

（3）按嬰兒每次需要 80 毫升的奶量來看，她的奶量會供應不足。

但結果是我估計錯誤，母親很輕易地就能將嬰兒放上乳房，只不過嬰兒在吸吮母乳時稍微有些啼哭而已。這位母親告訴我她的嬰兒還以為自己是在吸吮奶嘴呢！

我問她何以知道？她說嬰兒的吸吮方式不同，是一吸一停。通常嬰兒吸吮奶瓶的方式是吸然後停——讓牛奶藉着吸力在停止吸吮的片刻引入口中。而母親的乳房，是需要用力且不停地吸吮。她任嬰兒隨時想吃隨時餵，甚至有時每個小時都在餵，直到嬰兒吃飽為止，或直到她又有足夠的奶量。（書本學習不到，要靠經驗。）

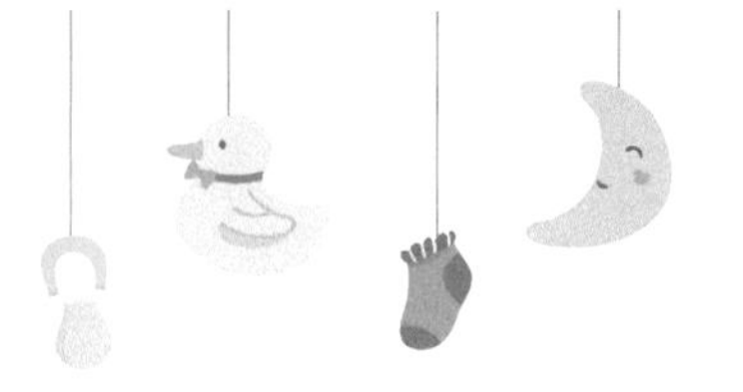

明顯地，我從這位母親身上學到許多：

（1）她對餵哺母乳的知識。

（2）她對嬰兒身體語言的領悟。

（3）只要母親肯下決心，且處於輕鬆狀態，想由餵奶瓶轉為餵母乳，是決不成問題的。

（4）她的乳頭形狀好像膠奶嘴，使嬰兒容易吸吮。

母親的乳頭扁平

想要幫助嬰兒張口含住母親扁平的乳頭，實非易事。書本不是也教我們要嬰兒吸吮乳暈而不是乳頭嗎？有一位母親的乳房，乳頭扁平，嬰兒的口恰好含在乳暈中央，而非罩住整個乳暈，然而乳汁依然似噴泉般湧出。餵過奶後，嬰兒安靜下來，尿布也濕了。然後我開始想，母親的乳頭扁平，乳汁供應量卻出奇的多，此種缺陷的補償，莫非是造物者對我們的公平待遇？後來我再試着觀察有同樣特徵的母親，結果發現嬰兒的口只需輕觸乳頭，乳汁便能源源流出，而嬰兒也因此獲得飽足。

母嬰間的感應

一位母親告訴我：「我的嬰兒好像根本不想費氣力去哭。」每次我經過她的房間，總聽到嬰兒哭叫的聲音，無論我們盡多大努力，亦不能令嬰兒張口含住母親的乳房。這嬰兒體重 9 磅有餘，出生那天，檢驗血糖偏低，因此每次餵哺後，需予牛奶補充。

一天我經過她的房間，應該是餵奶的時間，卻未聽見嬰兒的哭聲，心裏正暗自開心。哈！必定是餵得十分成功。於是我進去看個究竟，但這次我又估計錯誤：我見到嬰兒很舒服地躺在母親身邊，眼睛四處張望，其表情就像「哈！我勝利了，看你很快就會把奶瓶給我，我才不想再浪費氣力去哭呢！」後來這位母親向我透露，她壓根兒沒想到要自己哺乳，她之所以如此做，純粹是順應時代潮流罷了。於是我不斷地懷疑嬰兒會否已經感應到母親的心意？母親是否已告訴她的嬰兒不許吸吮她的乳房？我為此去尋找答案。

答案在另一次經驗中揭曉了。某次，當我進入我同事的病房，她正安靜地餵着嬰兒母乳，這是她的第二個孩子，我們正在聊着她分娩的情形，突然間她的一位朋友走了進來，嬰兒也就跟着放聲大哭。由於她有朋友到訪，我便站起告辭，但我心中甚感疑惑：為何嬰兒會同時間哭了起來？莫非母親暗示他什麼？譬如說她不喜歡這位朋友。待她的朋友離去後，我又回到同事的房間尋找答案，我問同事是否喜歡那個朋友？她說那是她最不想見到的一位，甚至沒料到會見到她。

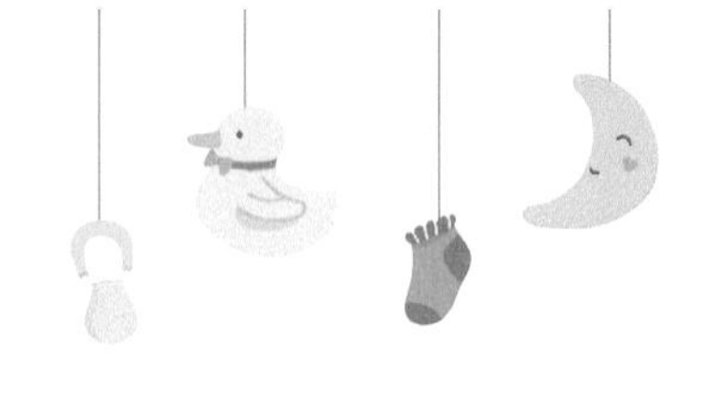

或許有些人會以為這僅是一種巧合，但我深信嬰兒有很敏銳的感應力，由此可知，許多母親無法親自哺乳，主要原因是有些時候，母親的確會將許多緊張的情緒，以及心思意念，傳達給嬰兒。嬰兒是否真能告訴你一些事呢？

餵哺母乳的真正意義與目的

我被派往幫助一位母親餵其嬰兒母乳時，通常我會站在母親背後觀望。看着她自己將嬰兒放上乳房，這樣我可以看到她有否出錯，此舉非但可以立刻更正錯誤，亦能找出問題所在。但這嬰兒卻常在吃奶時啼哭掙脱離開母親的乳房，於是我只好試着幫她把嬰兒再放上乳房，在我做之前，有幾件事定要嚴格遵守：

（1）母親本身需要取得一個舒適的餵哺姿勢，她的雙臂要墊以枕頭靠持，雙腳需用凳子墊高。

（2）擺放嬰兒的位置也要正確，其腹部需向着母親的腹部。

（3）我的姿勢——當我抱着嬰兒時，需保持適當的高度，才不至於累壞自己。

我花了 10 分鐘的時間，企圖使嬰兒張口含住母親的乳房，但卻沒有成功，於是我建議母親不要用手去抱或碰嬰兒，只能以身體與其接觸。之後，我感覺到嬰兒像稍為放鬆了，也沒有再驚慌掙扎，可是每當我以手托起她的乳房讓嬰兒吸吮時，我感覺到她的乳房及肩膀的肌肉緊張起來，因此我指示她應該要放鬆肌肉，我再幫她試了 15 分鐘，直到我倆皆倦累為止。然後我向她解釋，她的嬰兒能非常強烈地感應到她的感受，又問她是否已體會到餵哺嬰兒母乳的樂趣？

如果我沒記錯，這已是她試餵母乳的第四天，後來她告訴我感

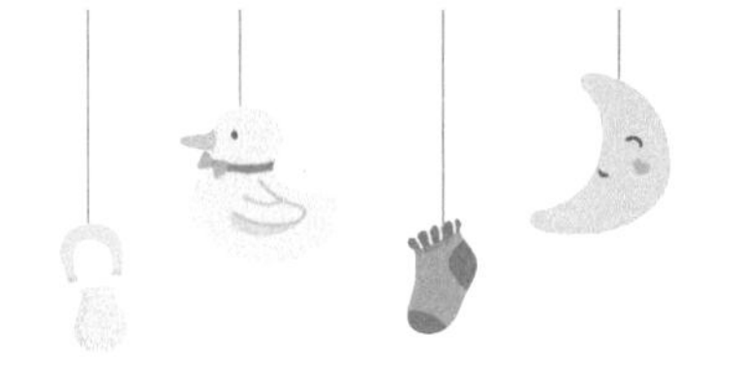

受不到有何樂趣，反而因為她未能將最好的給予嬰兒而感到內疚，這原因主要是每個人皆希望她能親授母乳。我勸她並非每個人都會喜歡餵母乳的那種滋味，我要她回顧過去數日，本該是她一生中最快樂的日子，但因她花上太多工夫在哺乳上，而錯過與丈夫分享家庭樂的機會。我安慰她，不必為餵哺母乳失敗而感到內疚，假使她心裏不認為餵哺母乳是件快樂的事，即使她仍有能力去做，也未必能使嬰兒感受其愛與安全感，母子間也無法互相溝通。從這個案看來，即使我們能令嬰兒吸吮母乳，卻喪失餵哺母乳的真正意義與目的。

我必須強調，在我的臨牀經驗中，的確從母親們身上學到許多，每次我用不同的方法去幫助她們，皆能使我得到更多的收穫。當然，閱讀對助產士是非常重要的，此舉有助於獲取最新的知識。助產士也應按每個人不同的情況與需要，給予個別指導，而非墨守成規地死板行事，否則恐會錯過產婦真正所需。

餵母乳的職場母親

不久前，我看到一段影片，談及各地對上班一族產後的假期，最理想是北歐地區，1 年產假，更可以延續多半年，丈夫也可以申請產假 1 年，多在太太回工作崗位後申請，因此嬰兒能夠被父母照顧至 2 歲半或 3 歲。但香港現行的法定產假是 14 個星期，而丈夫只有 5 天侍產假，並必須在產假的 14 個星期內放，是很不足夠的。所以，能堅持餵母乳的母親是很偉大的，當中會遇上很多困難，可算是人生成長的其中一個階段。

我於 1997 年開始在這個行業服務，當年的在職母親常遇到不少問題，如不合適泵奶的環境及地方、沒有雪櫃等。現今香港政府設有「實施母乳餵哺友善工作間僱主指引」，在授乳時間、空間、設施等方面指引僱主，幫助母親在工作地方可繼續餵哺母乳。

母親如何準備上班之後繼續餵母乳？以下有少少提示：

（1）復工前 3 星期開始儲存母乳，適宜在餵完每餐後才泵出餘下的母乳。例如：30 毫升 x 8 = 240 毫升或 40 毫升 x 8 = 320 毫升。請記着不要泵太久，因過量泵母乳會令奶量增多，引起乳腺阻塞，應該要小心衡量。

（2）準備奶泵、消毒奶樽或杯、奶袋、冰袋等。

（3）如果可以安排，最理想是回工作地方半天，習慣工作環境，如

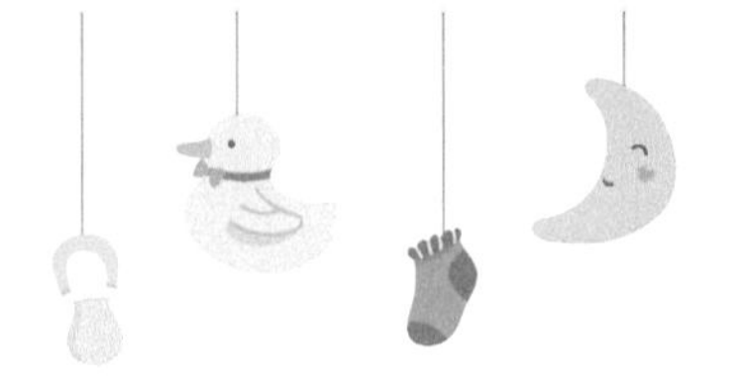

看看泵奶地方及雪櫃是否合適，並知會上司。

（4）計算上班下班需要花多少時間，與家人配合。

（5）身邊一定要準備一件外套或一條大絲巾，防止衣服因流奶而引起尷尬。

產前產後食物

我在偶然的機會下讀到一段「父母恩重難報經」，與餵母乳有關，是佛陀在 2,500 多年前講給阿難尊者聽的，「汝今將此一堆枯骨分作二份，若是男骨，色白且重，若是女骨，色黑且輕」；「世間女人，短於智力，易溺於情，生男育女，認為天職，每生一孩，賴乳養命，乳由血變，每孩飲母八斛四斗甚多白乳，所以憔悴，骨現黑色，其量亦輕」。

現今社會科學也證實女性的骨骼比男性輕，女性餵哺母乳時，部分物質會流失，尤其是鈣，但母乳營養價值十分高，如佛陀所説是「白血」，我國中醫也指母乳是白血，強調母乳對人體的重要性。母乳內含三百多種抗體，幫助嬰兒抵抗疾病，更含微量營養素、荷爾蒙等，喝奶粉的嬰兒就缺少這些營養。故授母乳的母親於產前更要注意自身飲食，確保食物新鮮，營養均衡，並注意體重。

產前食物

現在的香港社會與從前的很不同，吃之不盡，只會出現營養太豐盛或不平均的情況，很少像從前出現營養不良影響胎兒的事情。中國人對於產前食物有一套理論，如不要吃蝦、蟹、羊肉、蛇肉等東西，恐怕會令嬰兒的皮膚如蛇皮醜陋，或者身有羶味等。且不論這套理論是對或錯，小心飲食也有道理，因以上食物是屬於高蛋白質，同時也

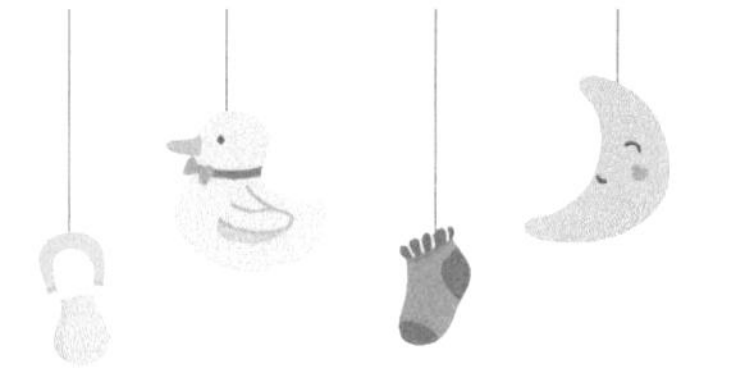

是比較容易引起敏感的食物，所以準母親們要小心，尤其是如果家族成員或自己對食物敏感的話，要減低嬰兒出生後的過敏情況，產前更要少吃以上的食物，亦不可喝牛奶，減低致敏原。

每位準母親也會問我，如果不喝牛奶，如何有足夠鈣質？其實，1 小茶匙黑芝麻便含有相等於 1 杯半牛奶的鈣質，綠色的蔬菜和黃豆類食品如豆腐、腐皮和豆漿也含有豐富的鈣質。另外，合桃、栗子、腰果也是健康食品，而現在市面上許多食糧也含有農藥，我建議準母親最好多吃有機的食物。

產後食物

此外，中國人亦很明白產後進補的重要。產後身體調理有歷史傳統根據，最簡單的是食療，例如薑醋、雞、魚、燕窩和藥材。許多食物都含高蛋白質，但現在的社會中，一般人均有足夠營養，是否有需要再吃那麼多高蛋白質的食物？亦有人懷疑，當中有些食物如豬肝和鴿子會令奶量減少。

因產後失血，豬肝可以補血，故豬肝是中國人產後食物之一（在潮州，廈門人），不過，關於吃豬肝會減少奶量這個論點，我卻有點保留。

個案分享

❶ 個案一：多吃豬肝的母親

一般母親多數是在產後 4 天出現乳脹問題，個案中的母親產後 8 天才出現這個問題。替她檢查後，我發現嬰兒吃奶的姿勢不差，可以順利吸到乳汁，但因為她的奶很濃，比較難出，可能就是因此出現乳脹問題。於是我再問她平日吃什麼，她説自己每天均有喝湯，8 天裏吃了 3 次豬肝。在這個案中，豬肝沒有減低奶量，反而令奶變得更濃，較難出奶，同時亦因為她屬於比較多奶的母親，所以有乳脹的現象。如果一位奶量少的母親，吃過豬肝後，可能也因為奶質變濃，比較難出，令人感覺奶量減少了，會開始補奶粉。

❷ 個案二：多吃補品的母親

這位太太已懷過三胎，每胎都要我上門教授餵母乳，每次她也餵上一年母乳，其間是餵哺全母乳，完全沒有添加奶粉，由此可見她是一位非常有耐性的母親。由於第三胎是雙胞胎，所以產後特別找專人為她進補，嬰兒亦有私家看護，餵的是半母乳。當他們兩個月大時，其中一個嬰兒的肚子卻脹得很大，要入院觀察。她告訴我如有需要或要到美國做手術，憂心忡忡地表示希望我一同前往。這段期間，她給嬰兒餵全母乳，幸好之後的化驗報告顯示嬰兒身體狀況正常，肚子也回復正常樣子。但過了兩星期後，另一個嬰兒的肚子也開始脹大，她只好也餵這個嬰兒全母乳。我推斷説嬰兒是對奶粉過敏，但這位母親對我説是因為她吃了太多補品，現在不吃了，嬰兒也跟着沒事。

另外，這幾年有很多母親因為乳腺阻塞而需要見我，她們的共通點是乳腺增生，加上吃過多花膠和燕窩等食物，令情況惡化。所以，在此希望各位母親要小心進補。

宜食／不宜食

餵母乳的母親一定不能喝牛奶，要少吃甜品，少油，少蛋白質，少膠質食物。至於其他食物，如果不會令嬰兒不適如出疹或肚子不舒服，大部分都可以吃的，謹記最好吃新鮮的食物及營養要均衡。現在

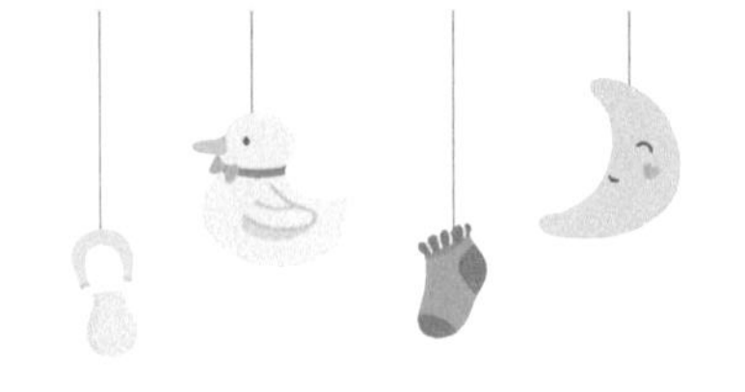

的社會也很提倡素食，豆類如黃豆、大豆、黑豆等，所含蛋白質及脂肪也很豐富，而米飯也有助增加奶量，而糙米比白米營養更高。

另外，產後第一至三星期要保持清補，惡露減少時才開始進補，進補期可長達兩個月，所以不必太急，尤其因為剛誕下嬰兒的母親乳腺會增生，加上奶量較多，更要小心，以防乳脹問題。

我在英國及澳洲的護理學校畢業，但深深感受中國文化的偉大，也感覺自己才疏學淺，希望自己的工作經驗有助母親們減低發生問題的機會，令母親更感受到嬰兒出生帶來的快樂，更希望將來母親能與家人分享經驗，將知識傳給其他人。

因時代不同，知識也不同，我在這 40 年與母親們互動，從中學習，在經驗上收穫不少，再與大家分享。

幫助增加奶量的方法

（1）嬰兒的吸吮位置必須正確，吸到後乳，母親的乳房才容易「上奶」。

（2）母親有足夠休息的話，母乳便會出得好。

（3）湯水對母親很重要，吃澱粉質的食物如米飯也非常重要，營養需保持均衡。

其他產後食物

（1）如果不能吃薑，可以喝陳皮水驅風。做法是在水中加入適量陳皮，將 3 碗水熬成 1 碗水便可。

（2）清補涼：淮山、蓮子、栗子、百合、茨實、陳皮，可加少許黃

耳或肉。（素食）

（3）用木瓜、魚、花生和章魚煲湯。

（4）去核南棗水或米水。（素食）

（5）多吃水果和蔬菜，加薑去風。水果含豐富維他命，可增強身體抵抗力。

（6）小米粥、大米粥、熱飯等是上奶食物。

（7）因現在食物太多化學成分或太精煉，導致大部分營養流失，所以需每天吃鈣片及維他命以補充營養。

吃薑醋的方法

約產後 3 星期才吃，一定要待惡露差不多排清時才可以吃，第一天只吃 1 湯匙，如果惡露沒增加，第二次可以吃 2 湯匙，慢慢的增多。因為吃薑醋會引起產後流血，所以很多醫生反對產婦太早吃薑醋。麵筋同樣含豐富蛋白質，素食者可用來代替豬腳。

根據哈佛大學 21 世紀健康飲食金字塔準則，我們每餐要吃全穀類食物，如糙米、全麥和燕麥；大量蔬菜水果；要吃堅果和豆類食品；適量植物油，如橄欖油、菜油、粟米油、葵花籽油和花生油等植物油；少量蛋白質如魚或家禽、蛋等。

該金字塔最高的一層是紅肉、牛油、白米、白麵包、麵食與甜品。許多中國人喝牛奶也會腸胃不適，引起敏感、肥胖的問題。

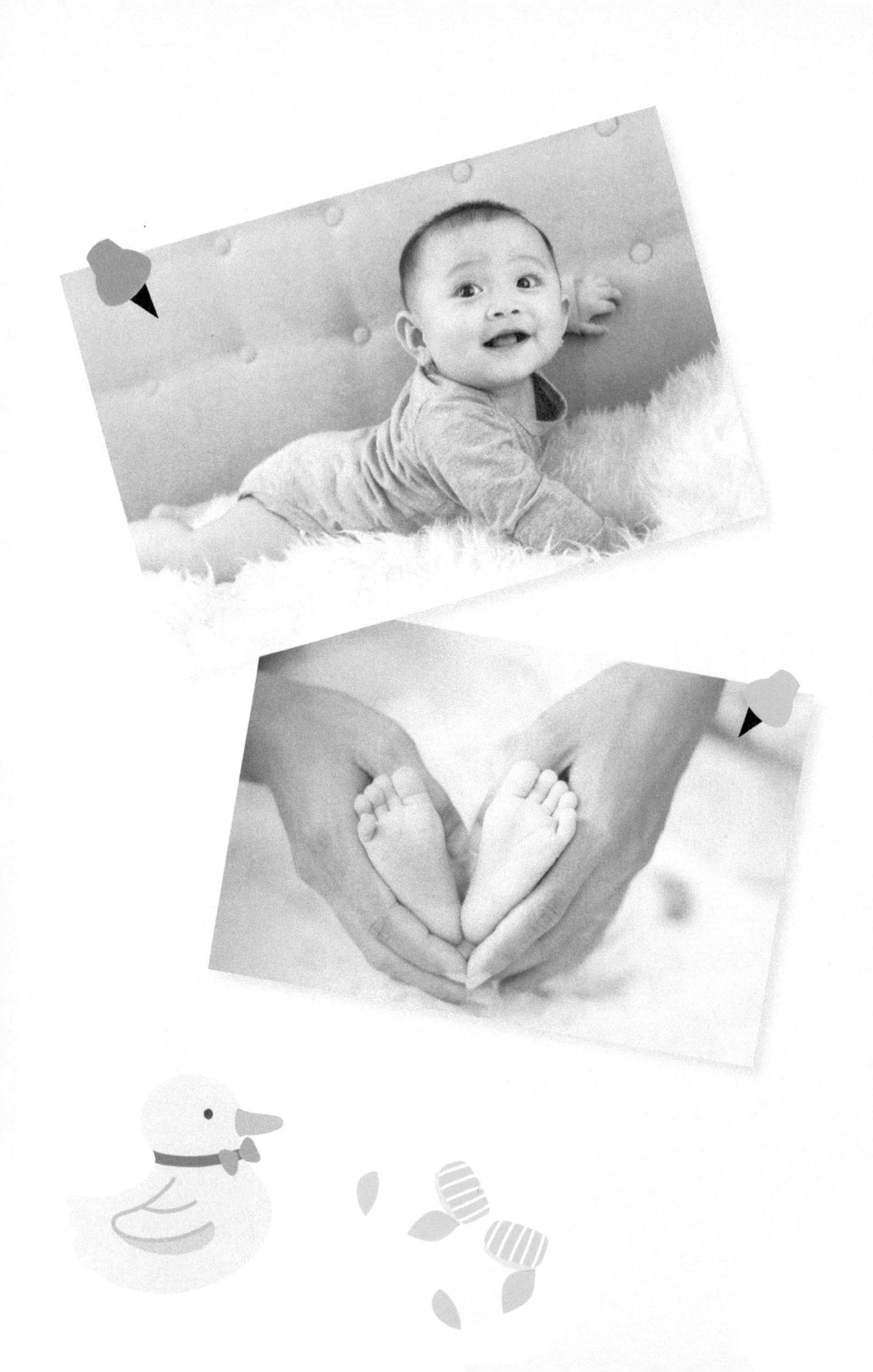

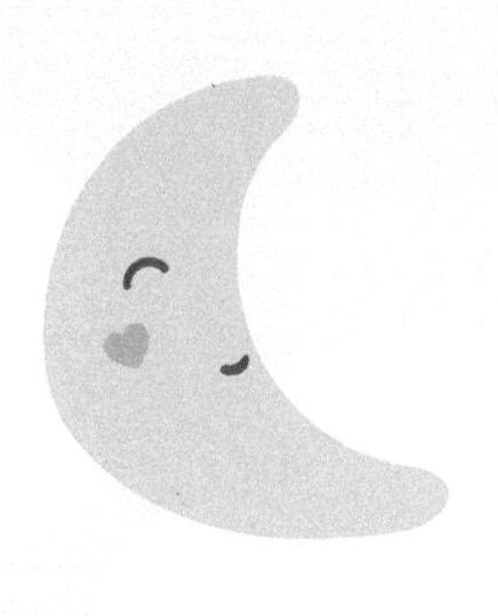

孩子成長喜悅

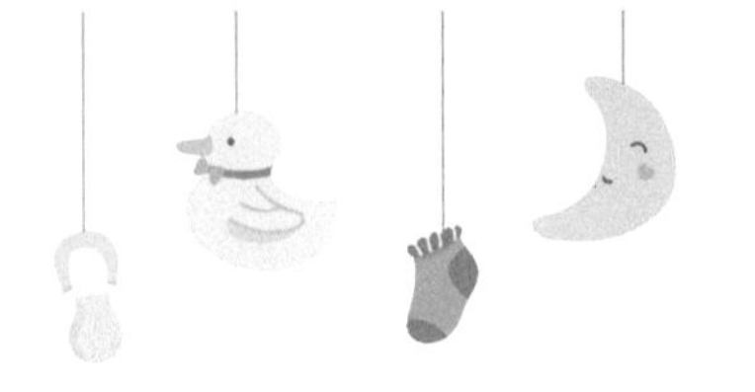

與嬰兒共舞

當我看到《與嬰兒共舞》的文章時，知道舞動身體對兩個月或以上的嬰兒的大腦和神經系統成長及協調有幫助，同時我也很想知道如何與嬰兒的腦袋共舞。

原來，當嬰兒手腳胡亂舞動時，所有動作如爬行、轉身、走路、跳動、打轉、雙手環抱嬰兒前後打鞦韆、拿東西等，加上眼、耳、口、鼻和舌頭此五官的感覺，均可幫助嬰兒的腦部成長。由出生至 1 歲，是嬰兒腦部成長最重要的時間。當嬰兒 1 歲時，腦部已長至如成人腦部一半的大小。

父母們注意以下幾點，可幫助初生嬰兒腦部成長。

營造有安全感的環境

讓嬰兒處身於一個有安全感的環境，例如在父母懷裏。如果嬰兒在哭，至少父母需要找出哭的原因，不要讓嬰兒孤單地哭。父母都知道哭是嬰兒的言語，哭得太久，會令嬰兒感覺不安全，如果抱抱能令嬰兒不哭，我會選擇抱起他。這動作令嬰兒感受到你對他的愛，使嬰兒對你們產生信任的感覺，也會減低嬰兒的哭聲。

腹卧運動

初生嬰兒要每天腹卧 3 次，每次 1 至 3 分鐘，時間可以漸漸遞增。當嬰兒 3 個月大時，頭頸肌肉應很強壯。

❶ 腹卧的好處

（1）腹卧可以增強嬰兒頸部的肌肉。

（2）研究發現腹卧不但幫助腦部的發育，更有助嬰兒將來在學習寫字、讀書、社交及行為表現上打好基礎。

（3）對嬰兒視力的發展有幫助，不止限於在平面看東西。

（4）令嬰兒感受及習慣身處的空間。我發覺如果父母幫助嬰兒做腹卧運動，嬰兒學轉身時往往比較順利。

❷ 腹卧注意事項

（1）嬰兒的手腳要有足夠的活動空間。

（2）腹卧運動要在比較硬的平面上進行，不要在地上鋪上毛巾，也不要讓嬰兒穿長袖衣服，這樣會妨礙嬰兒爬行。

（3）與嬰兒一起練習爬行、拍手、轉身等動作。

（4）不要鼓勵嬰兒太早學走路，最好 1 歲之後才學。

以上所説的運動都是每位嬰兒的本能，父母要給嬰兒時間慢慢練習。嬰兒需要很多的身體接觸，例如母親的餵哺、抱抱、按摩、跳舞和唱歌都會令腦部發育得更健全。

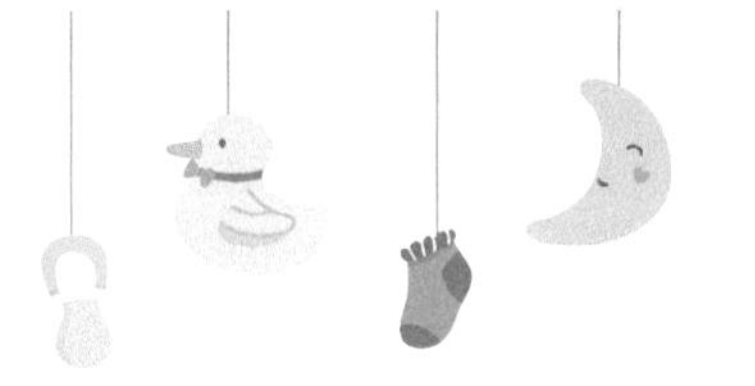

不要制止嬰兒吮手指

吸吮手指是與生俱來的本能，嬰兒出生後，每天也想把手指放到口裏。其實，嬰兒需要非常用心去練習這個動作的。一開始時，他們只是手部及頭部亂動，經歷一次又一次的失敗之後，才能夠把手指放入嘴巴。失敗時小手可能抓傷面部或眼睛，父母看見必然心痛不已，但嬰兒最後成功把手指放入嘴巴的那種成功及滿足感，有如母親成功餵哺母乳一樣。嬰兒通常要花上 6 至 8 星期才能成功把手指放進嘴裏。在學習過程中，嬰兒更發現手指除了「好味道」之外，還是一件玩具，他可以張開手指或合起來，或伸出一兩隻手指，看上去很好玩，這對腦部發育是很重要的「舞蹈動作」。

餵哺母乳

餵哺母乳對嬰兒的腦部發育很重要，因為餵母乳是互動的動作，嬰兒看着母親的眼神和衣服的顏色，聞着母親身上的氣味，觸摸母親的皮膚和衣服的質地，聽着母親的心跳聲，這些五官感覺對嬰兒來說非常重要。

❶ 聽覺

母親抱着嬰兒餵哺母乳時，令嬰兒有一種熟悉的感覺──母親的心跳聲、呼吸聲、說話聲及腸臟蠕動的聲音，彷彿重回母親肚裏的親切感，令嬰兒不期然產生一種安全的感覺，所以若嬰兒哭喊的話，當母親抱着他時，哭喊聲會立時停止。若母親於產前常聆聽悅耳的音樂，令嬰兒潛移默化地接受。當嬰兒出生後再次聽到這些音樂，心中自然愉悅起來，有效安撫嬰兒的情緒。

❷ 嗅覺

餵哺母乳時，嬰兒需要利用嗅覺辨別方向，用鼻子尋找母乳，刺激嬰兒腦部的發展。

❸ 味覺

以母乳為主的嬰兒，其味覺會特別發達，因為嬰兒可以同時嘗到母親進食的各種食物，所以當嬰兒長大轉吃固體食物時，一般都較容易適應，因為他們已習慣不同食物的味道。當然，嬰兒最喜歡吃的始終是帶有甜味的食物，因為他們的味蕾對甜味最為敏感，而且最主要因為母乳是甜的。另外，你也會發現嬰兒喜歡將任何東西放進口裏，只因為他們喜歡這種感覺。

❹ 感覺

以我多年的觀察所見，許多嬰兒進食母乳時都不喜歡交叉着手，他們喜歡接觸母親的肌膚或自己的臉龐。在嬰兒的成長過程中，他會用手不斷探索所有新事物，喜歡觸摸不同的玩具，或是把玩具放進嘴裏嘗嘗，這時可鍛煉嬰兒手部抓力的反射，令他手部的接觸感更敏銳。

當父母將嬰兒抱在懷裏，輕輕撫摸他的時候，許多時候也會令正在啼哭的嬰兒安靜下來，這是因為嬰兒感到父母帶給他的安全感，所以當嬰兒感覺到不舒服、不安全或不習慣的接觸時，便自然會哭起來。嬰兒也能感覺到不同人的接觸，有育嬰經驗者抱着嬰兒時，他們很快便會安靜下來。

常有新手母親在餵哺母乳或摟抱嬰兒時，弄得嬰兒大哭之餘，自己也害怕接觸嬰兒。以我的經驗，母親應多接觸嬰兒，令他習慣你的

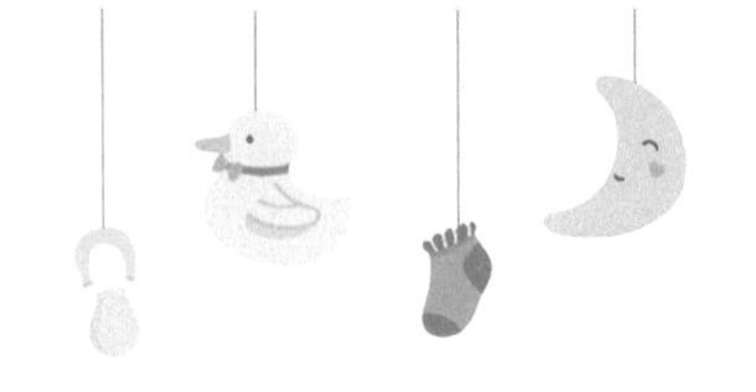

摟抱方法，增加溝通，不應因害怕而拒絕接觸嬰兒。

抱嬰兒也是溝通方法之一。現在的家庭，同一時間可能有 4 至 5 個成年人一起照顧嬰兒，每個成年人抱嬰兒睡或玩的姿勢都可能不同，給嬰兒的感覺也不同。在嬰兒的角度，他可能會感到很迷惘，腦裏生出「到底你想我睡覺還是玩耍」的感覺。我建議同一家庭的成年人應用同一個方法摟抱嬰兒，使嬰兒明白大人給予的指示。

個案分享

❶ 個案一：避免太複雜及太多動作

Lyann 只有 3 個半月大，有一天我和家傭跟她玩張開和合上手指的遊戲，口裏同時説着「close」、「open」。最初她只是笑得很開心，後來也嘗試舉起雙手。後來我在外面靜觀時，更發覺 Lyann 躺在牀上也在練習那些動作。原來，當房間裏只剩下嬰兒時，他們也會不停練習新學到的動作，只是成年人平時沒多大留意。每次我與她玩那遊戲時，她都笑得非常開心，於是我又繼續做同一個動作。

平時，我們需要用 2 至 3 星期教同一個動作，嬰兒才會明白。有一天早上，我又與 Lyann 玩「close/open」，但這次她沒有笑，只舉起雙手，眼神流露出不開心，這時我才發覺她的手指是合上的，但她做不到「張開」這個動作。我即時意會到自己差點做了錯事，內心很難過。因 Lyann 只有 3 個多月大，但這動作是 4 至 5 個月大的嬰兒才做得到的，所以我馬上停止再做動作。過了大概 2 至 3 星期，我嘗試再玩這動作，這次她自動舉手做給我看了！我很驚喜，馬上親吻她以示鼓勵。

由這個案看出，父母不可強行教嬰兒太複雜及太多動作，每次只教一兩個簡單動作已足夠，別令嬰兒產生挫敗感。第一，父母需知道每個嬰兒的發育情況及性格也有所不同，要小心觀察，不要和其他朋友的嬰兒作出比較，因每個孩子有自己學習的方法；第二，要注意教嬰兒玩遊戲與玩玩具有不同教法。如果玩啟發性遊戲，需要配合嬰兒大肌肉、小肌肉、視力、語言、聽覺和社交發展。如這例子，遊戲中發覺她出現不開心的情緒時，繼續教下去只會令她沒有興趣學習及有壓力，造成反效果。

❷ 個案二：不需要太多玩具

我本來很怕與 3、4 歲的小孩玩，主要原因是他們很快便想玩另一種玩具或遊戲，因此我要花很多時間去想許多不同的遊戲跟他們玩，之後也要花很多時間去收拾，令人很疲倦。有一次，我卻有意想不到的體會。

有個約 3 歲的小孩拿了一個球跟我玩，剛開始時他只是將球滾給我，我滾給他後，他便再滾給我。如果球滾錯位置了，他便走過去拾回給我，而我只是坐着不動，就這樣玩了半小時左右。之後，他教我投球，我們一投一接地玩了半個小時以上。然後，他再教我其他玩法，我記得最後他將椅子擺成兩個龍門，與我一起踢足球。

只用一個球，我們便玩上 3 小時，當時我絲毫也不覺得疲倦，只覺得這小孩子很專注和很有創意，因為每個動作都是由他教我做的。

我對他母親説：「這孩子很特別，很可愛，將來一定比較特別。」這孩子長大後攻讀了獸醫專業。古人云「三歲定八十」，小孩子需要父母好好的教育及培養，而我個人更深的感受是，小孩子真的不需要太多玩具，太多玩具只會令他們變得三心兩意，專注力降低等。

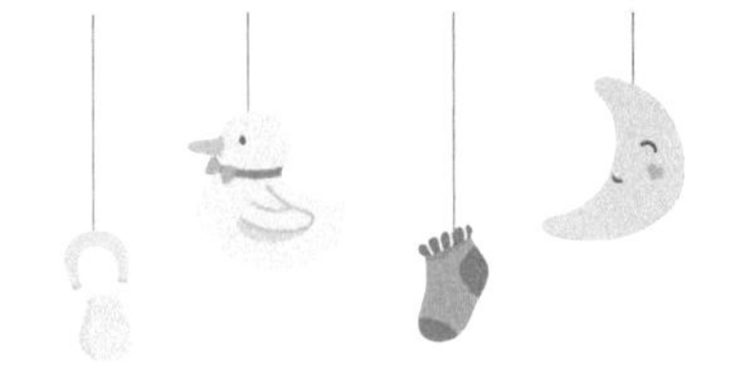

嬰兒吸吮手指

我常常會在講座上問在座的父母這個問題：「究竟吸吮手指及吸吮奶嘴，何者較好？」當然，有些人會答前者，有人會選擇後者。

我認為「食手指」是很好的。就如上文提及，「食手指」是一項先天性手眼協調的練習之一，很多嬰兒需要 6 至 8 個星期才能自如地將手指放進口裏，在嬰兒成功吸吮手指的過程中，你會發覺他們的手眼協調動作進步了。當嬰兒吸吮手指時，他們會感到非常滿足，有助減低壓力，增加安全感，所以懂吸吮手指的嬰兒較少啼哭。

你們可知道「食手指」是嬰兒的身體語言之一？於產前的電腦掃描中，我們已可看到嬰兒在母親的肚子裏已喜歡吸吮手指，有時甚至會看着自己的手形，撫摸自己的臉、口、腳及輕握臍帶，所以出生後，手指可以説是嬰兒最親密的朋友之一。

當父母細心觀察嬰兒如何將手指放進嘴裏，會發現嬰兒不停嘗試這個動作，他們滿有信心及毅力地嘗試。最初的時候，嬰兒的頭部及頸部會搖動得很厲害，手部亦會不協調地搖動。不過，嬰兒漸漸會學習到頭部及頸部不需要大幅移動也可將手指放進嘴裏，當他成功的時候，你會在他臉上發現一副成功、安然及悠然自得的表情，有時我更會讚賞他，打趣地問：「手指是否很香甜、很美味？」

當嬰兒不斷地成長，手指不單可以靈活地放進嘴裏，甚至可用手接觸身邊其他的物件，如牀沿、手巾、枕頭、被子等，他更常將這些物件放進嘴裏。當嬰兒的視力漸漸進步時，他們對手指的移動也會很感興趣，而手部的活動令他們興奮之餘，也可以刺激及幫助嬰兒視力的發育。

我從事醫院護士時，有腦科醫生會着病者做以下的測試：閉起雙眼，看看可否用手指指向鼻尖，若病者的腦部有問題的話，往往會失敗。所以我個人認為嬰兒能成功吸吮手指，絕對有助大腦的發育。

如果細心觀察，會發覺嬰兒肚子餓、睏倦、開心或沒安全感（驚慌）時，吸吮手指的方法也有所不同。不過，許多父母由於害怕嬰兒的指甲會割損面部，所以會為他們戴上小手套，但這樣卻容易令嬰兒淡忘他的手指，沒有練習自然的開合反應。這會出現什麼問題？

當嬰兒 2 個月大，進行智能測驗時，父母可能發覺嬰兒不懂手掌開合等自然反應動作，這時需利用玩具訓練他們手部開合的動作，但這些動作原本屬於自然反射。由於嬰兒忘記了手指這個玩伴，當他們 1 個月大的時候，睡覺時間減少，他們感到苦悶時較容易啼哭及延長哭喊時間，希望父母與自己接觸及多些親近。

吸吮手指令嬰兒的內心有安全感，可是若父母不讓嬰兒吸吮手指，卻會令他們喪失安全感，彷徨無助。若希望他們重拾安全感，父母可以用奶嘴、手帕或玩具陪伴嬰兒，或是多抱抱嬰兒，讓他們感覺到身邊仍有安全感。

有些父母可能會認為嬰兒吸吮手指會令手指變形，長大後手指不美觀，那麼嬰兒應該從哪時開始戒掉吸吮手指的習慣？其實這應該由嬰兒自行決定，但不少父母會希望於 2、3 歲前或上學前可以戒掉，這個時候縱然嬰兒年紀小，但他們也知道於大庭廣眾吸吮手指並不雅

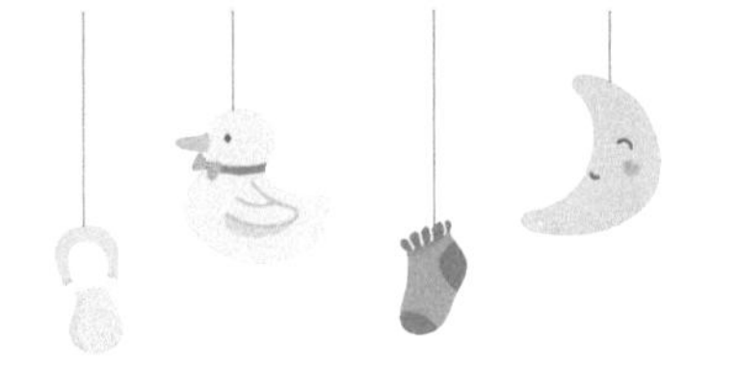

觀。我建議父母可與子女解釋及商量，達成共識，什麼時候可以吸吮手指（如臨睡前），什麼時候不可以吸吮，接納他們的意見，切勿強迫他們做不願意的事情。不少父母也會有這樣的疑問，吸吮手指會否令口腔及牙齒發育不良，影響牙齒的排列？牙醫認為 5 歲前吸吮手指，不會影響牙齒的發育。

個案分享

每當我於產前講座提到嬰兒吸吮手指的題目，我都會詢問參加者的意見及分享他們的經驗。曾經有一位父親非常贊成嬰兒吸吮手指，覺得沒有什麼問題，因為他自己 8 歲時仍然吸吮手指。在他的記憶中，當他一邊吸吮手指，一邊牽着母親的手時，他的內心充滿安全感，非常滿足、開心。

「在這 8 年吸吮手指的歲月中，曾否感到慚愧？」我問他。「一點也沒有。」他說。「有否感到自信心增加不少？」我疑惑地問他。他說：「我並不感到。」縱然他如此說，但現時他卻身在外國，當起電腦平面設計師一職。我看着他的手，手指也如常人一樣，沒有因此而變形。

以上是一個特別的個案，我並非鼓勵父母讓嬰兒長時間吸吮手指。不過從個案中，我們可以發現吸吮手指並不會影響手指的外觀，很多父母只會擔心吸吮手指會令手指變形，而忽略了嬰兒心理上的發展。

最後，吸吮手指也是嬰兒的言語之一。如果父母小心觀察，幼兒未能以言語表達自己時，如果碰上不愉快的事，例如不喜歡新家傭或新學校時，他們便會增長吸吮手指時間，這反映了孩子內心感到不安全。

剛學行的嬰兒該穿的鞋子

剛學行的嬰兒應穿着高筒的鞋子，因為可以為腳踝提供足夠的保護。為何我要談這方面的問題？因為我很心痛，心痛我們的大意，沒有小心保護嬰兒初長成的雙腳。

事緣我當天在診所當義工，有一位媽媽帶着一個 2 歲的小孩看醫生。他穿着涼鞋，其中一隻腳的「腳趾公」沒有了腳甲，另一隻「腳趾公」的腳甲充血變黑。我問這位媽媽小孩會否覺得痛？她説小孩很頑皮，經常踢來踢去。我當時建議她不要給他穿涼鞋，要穿密頭鞋去保護雙腳。 這也引起我的興趣去了解，小孩是否適合穿着涼鞋？什麼年紀才適合穿涼鞋？

大家可有觀察嬰兒初學走路時，是用腳趾抓緊地面走路，甚至到了 2 歲也是用這種方式走路，也有用腳尖走路的習慣。如果穿着太鬆或太緊的鞋，會對嬰兒做成危險，例如鞋太鬆，嬰兒需要很用力地走路，令他們容易跌倒。

當小孩走路時腳趾不再用力，才適合穿着涼鞋，但亦不應選擇無掩蓋腳趾的款式，要選擇能保護腳趾的款式，才比較安全。

6 Q & A

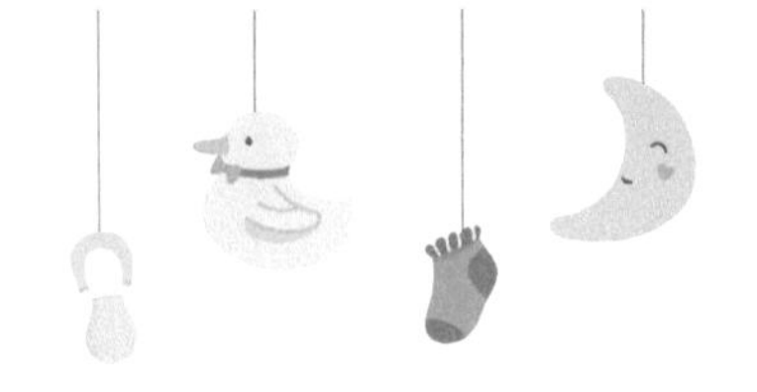

Q&A

以下種種疑難及問題，全出自產後留院期間的母親。（寫作此書的目的，是為幫助她們學習如何餵哺母乳。）

Q1 餵嬰兒的時間應該多久？

（1）按書本上的「供求原理」來看，母親可有求必應，隨時餵哺，換言之，就是按其所需，隨時可餵。

（2）以我作為助產士的經驗，餵母乳每頓應不少於 15 分鐘，而不超過 45 分鐘，其間嬰兒必須是不停地吸吮。許多母親會讓嬰兒口含乳頭不放，任其吸吮或停頓，然後告訴助產士，她餵了 1 小時，實際上嬰兒真正吸吮的時間僅 10 至 15 分鐘而已。另一供求的重點則是：如果嬰兒體型肥大，餵的時間則需較長；母親奶水充足，餵的時間則可縮短。

Q2 我應該用一邊或是兩邊乳房餵？

（1）許多教授餵哺母乳的書，會告訴你要單邊餵哺，即只用一邊乳房餵，以便將其乳汁適當清除。

（2）我將此問題分兩個階段來解答：

a. 來乳前（第 1 至 3 天）——應餵兩邊乳房，每邊不可少於 15 分鐘。因乳汁分泌激素大概需 15 分鐘才達到頂點。

b. 來乳後（約產後 3 至 4 天）——每次餵乳，應該只餵一邊乳房，讓嬰兒將其吸空，好獲得所有含脂肪、維他命以及抗體等營養的後乳。如母親能將所有乳汁每次排清，就不會有乳脹的現象。

Q3 我能用另一邊乳房，再餵我的嬰兒嗎？

可以的。

（1）倘若你另一邊乳房的乳汁充盈，脹得十分不舒服，就讓嬰兒吸吮幾分鐘以減輕乳脹之苦。

（2）如果你肯定已餵了一大段時間，而初次餵哺的那邊乳房感覺已排空，但嬰兒仍然一副尚未吃飽的樣子，可以一邊餵 20 至 30 分鐘，另一邊 5 至 10 分鐘。即是餵另一邊乳房前，需先排空原來的那邊乳房（以另一邊乳房做補充之用）。

Q4 每天我應該餵嬰兒多少次？

餵哺方式因人而異，在醫院裏需花些時間去揣摩、觀察你的嬰兒適合何種餵法。我總是告訴母親：初生嬰兒是需要你慢慢去了解的，而困難之處在於無法以言語與其溝通。現在我的答案是平均數，初生嬰兒每日應有 8 至 12 次長時間的餵哺，其間可能需要短暫的補充餵哺。

假如嬰兒在餵哺後 1 小時內還想吃，我建議母親用同一邊乳房，這樣你好確定「後乳」已排清。

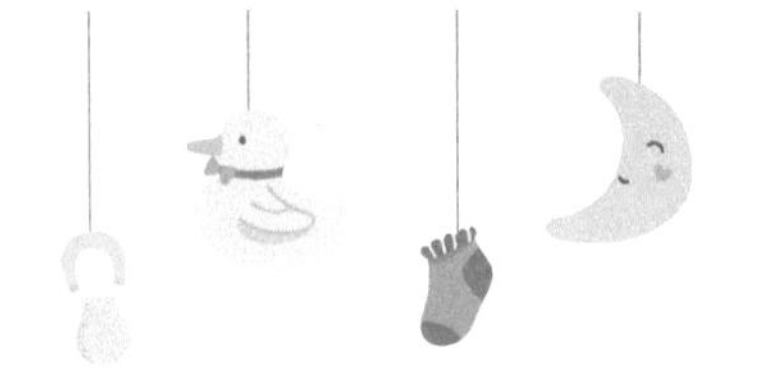

Q5 如何知道嬰兒餵得足夠？

基本上有幾個現象可顯示出嬰兒是吃飽了。

（1）嬰兒在 2 至 3 小時內，安靜不吵。

（2）嬰兒的尿片經常尿濕。最初出生 2、3 天每天需有 3 至 4 次濕尿片，乳來時（3、4 天之後）每天要有 6 至 8 次濕尿片。

（3）大便呈黃色似芥末，黏度也柔滑如芥末般。最初幾日，嬰兒的糞便是黑色的，而自有乳汁進入腸胃後，便轉為深綠至黃色。

（4）餵乳不足的嬰兒大便會呈綠色帶水。如大便呈綠色又帶臭味，則表示可能受到細菌感染，應該去看醫生。

（5）有粒狀的糞便，則是吃得太多，消化不良。

（6）對於餵全母乳的嬰兒來説，時常排便，是無關緊要的，因母乳是種緩瀉劑，故嬰兒不會便秘（有些嬰兒每天會有 4 至 5 次大便）。再者，母乳易被吸收，故大便或許會少至每天 1 次，初生嬰兒應每天都有大便，才會增磅。（較大的嬰兒可能會 2 至 5 天才有一次大便，亦屬正常情況。）

Q6 我應如何處理乳頭傷痛？

（1）首先要檢視嬰兒吸吮的部位是否正確，即時予以糾正，以免乳頭傷痛情況變得嚴重。

（2）在母親將嬰兒由其乳房移開前，有否用手指阻斷嬰兒吸吮。

（3）餵完乳後，讓乳頭敞露於空氣中風乾以保持乾燥。有效及省時的辦法是在餵哺時，敞露另一邊乳頭。

（4）餵哺後，用藥膏或乳汁塗擦於患處，可促使受傷組織癒合。

Q7 能否停止哺乳，讓乳頭休息？

談到乳頭休息，可分兩個不同的階段：來乳前與來乳時。

來乳前是可行的，即是最初的 2、3 天內，最好僅停餵 1 至 2 次，如果你停止餵哺的時間過長，遲些時候會造成另一問題——乳脹。

如你已來乳而突然停止餵哺，實非善策，因受乳汁充盈的影響，乳房組織會伸張而導致乳頭傷裂更加嚴重。但你可以嘗試用手擠乳汁 10 分鐘，或擠到乳房舒服為止，然後再將擠出的乳汁餵你的嬰兒。切勿壓擠乳房過久，以免產生更多的乳汁。

總之，最佳方法是檢視你的嬰兒，有沒有正確地吸吮乳暈，而非乳頭，才再繼續餵哺。有些研究發現，嬰兒的唾液會促進組織癒合。其次，每當乳房排空時，組織不再伸張，會助其癒合。

Q8 當我有了乳頭傷痛的毛病時，應用手或是機器來擠奶？

用手擠較用機器泵奶好些，因機器泵奶會使乳頭裂傷更厲害，拖慢癒合速度。

Q9 如何知道嬰兒吸吮的部位是完全正確？

位置正確的話只是最初幾口吸吮略感不適，接着餵下去就不痛了。最好的證明是你不會有乳頭傷痛的毛病。

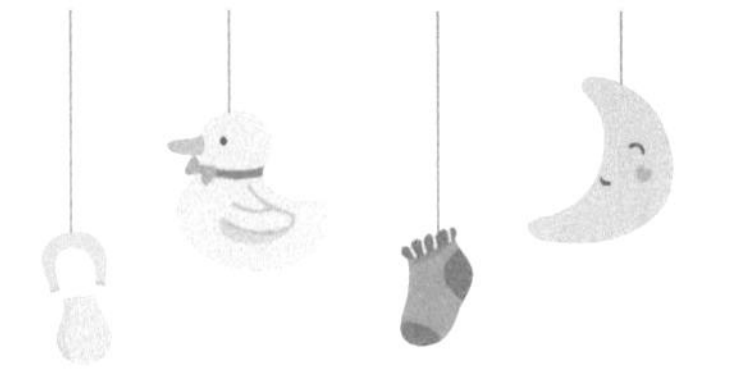

Q10 我該如何處理乳脹？

現今不會再有許多母親受乳脹之苦，因按需要餵乳及單邊餵乳，皆有助於預防此患。然而，尚有許多母親會有輕度乳脹之感或者乳房變得飽滿、繃緊，但並無硬塊或疼痛的感覺。

（1）檢視嬰兒是否正確地吸吮乳暈。

（2）檢視母親是否採單邊哺乳，且不僅餵 15 至 20 分鐘，而是用較久的時間，直到整個乳房排空為止。

（3）在嬰兒吸吮時，按推乳房，將乳汁推擠出來。

（4）確定母親的乳汁分泌是否流暢。

（5）使用一個能夠適當托住乳房的胸罩將大有幫助。

（6）使用止痛劑。

要注意有幾件事會令乳脹的情況更加嚴重：長時間的冷／熱敷及用力按摩，或者過度刺激乳房，尤其是用機器泵奶，以上做法皆會增加乳汁供量，而不能減輕乳脹。

Q11 我如何知道自己乳汁分泌得不順暢？

（1）你會發現自己餵哺嬰兒的時間，即使已經超過 45 分鐘，甚至達 1 小時，乳房仍然異常腫脹。

（2）嬰兒需要餵個不停，且難於安靜下來。

（3）在餵哺時，未有子宮收縮的感覺。

（4）在你餵哺時，嬰兒未有嚥下乳汁的聲音，甚至乳房仍然充盈飽滿，有硬塊。

以上現象或有二三，未必會同時發生。

Q12 究竟什麼原因使乳汁分泌得不順暢？

（1）疼痛——諸如乳頭、傷口之痛。

（2）母親過度疲勞。

（3）母親過分焦慮。

（4）吃太高蛋白質及膠質的食物。

Q13 我如何能增加乳汁分泌量？

（1）充分的休息，最好在你嬰兒睡時，你也跟着睡。

（2）進食及水分充足、均衡營養飲食。

（3）嬰兒吸吮正確。

（4）用手推或用泵奶器。

Q14 我如何知道自己患上乳腺炎？

（1）你會感覺渾身不適，像感染了流行性感冒，全身肌肉痠痛，忽冷忽熱。

（2）發高燒（體溫約在攝氏 38 度以上）。

（3）另外的徵狀是你一邊乳房會感覺堅實、燒灼紅腫，有塊狀物，

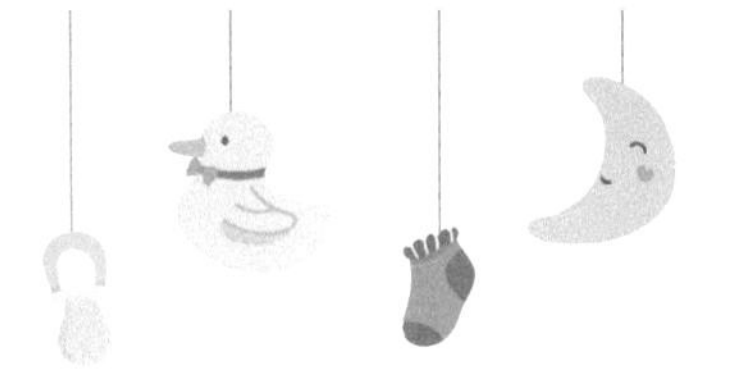

且觸及有疼痛感。

（4）有些母親最初是先開始頭痛，之後才出現以上徵狀。

Q15 如何治療乳腺炎？

（1）請教醫生，接受止痛劑及抗生素治療。

（2）藉着餵哺你的嬰兒，以令受感染的乳房排空乳汁。餵乳時可按摩乳房，使乳管暢通，一旦你發覺硬塊已消失，便可停止按摩。

（3）確定嬰兒吸吮的部位完全正確，以便排空乳汁。

（4）充分的休息，以幫助乳汁順暢流通。

（5）使用能適當承托乳房的胸罩。

（6）請教母乳育嬰顧問。

Q16 能預防患乳腺炎嗎？

以我觀察所見，許多母親之所以患上乳腺炎，原因如下：

（1）嬰兒吸吮乳房的部位不正確，以致乳房之乳汁不能適當排清。

（2）母親有乳頭傷痛的毛病。

（3）嬰兒的眼睛突然黏着眼屎或發炎。

要預防乳腺炎的發生，就要避免乳頭傷痛，並確保嬰兒吸吮部位正確。最重要的是在餵哺前，先行清潔嬰兒的眼睛、面頰與雙手，如嬰兒眼睛遭受感染，則需看醫生，接受治療。許多乳腺炎，是在餵哺時經由嬰兒而感染的，因為嬰兒的面頰總是貼近摩擦着母親的乳房。因此在餵哺時可以注意以下事項：

（1）更換餵嬰兒的位置。

（2）清潔嬰兒的眼睛、鼻子、面頰與雙手。

Q17 如果我想親自餵乳，又想兼用奶瓶餵嬰兒，會否造成他對乳頭有混淆不清的後果？

此書主要談論初生至 1 個月大的嬰兒。在這段時間裏，對乳頭混淆不清，是有可能發生在大部分的嬰兒身上的。

（1）乳頭扁平的母親們，特別難於將嬰兒安放於乳房正確吸吮位置，如有這種情形，在決定使用奶瓶餵奶前，最好先訓練嬰兒適應母親的乳頭。

（2）母親總喜歡每次餵完母乳後，再給嬰兒用奶瓶加餵牛奶，這正是導致餵哺母乳失敗的原因之一，因為你讓嬰兒有了選擇的機會。

Q18 是否可以既餵母乳，又用奶瓶餵奶，兩者兼施？

第一，必須明白供求原理；餵得少，乳汁分泌也少。

第二，如果你不將乳汁徹底排清，會有乳脹之苦。

第三，倘若你每次在餵乳後，再用奶瓶補充牛奶，則可能會造成

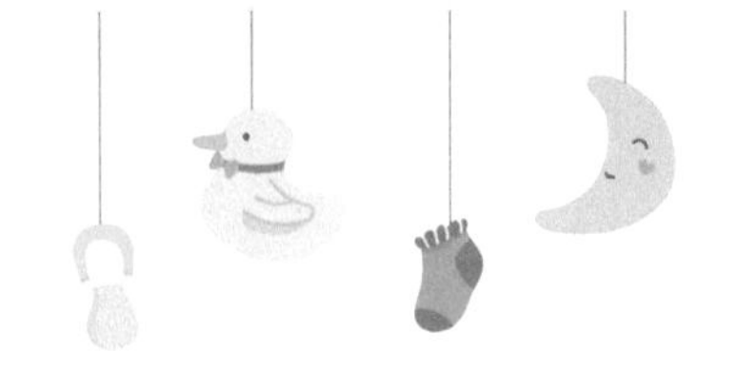

嬰兒對乳頭混淆不清，使餵乳變成母親一項艱苦的工作。

我的建議是，當你餵得太累時，乳汁分泌量隨之減少，偶然停餵一次又何妨。

Q19 為何嬰兒總是在我乳房上睡着了？

（1）請護士替你檢視，嬰兒在你乳房上的吸吮部位，是否正確？

（2）在餵哺當中，嬰兒可能需要「掃風」。

（3）看看嬰兒是否有黃疸。

Q20 如何儲藏擠出的乳汁？

所有用具皆需消毒。擠出的乳汁，可置於室溫不多於 8 小時；如放入冰箱內，最多可保存 8 天。新擠出的乳汁可與已凍藏的乳汁，同存放於同一瓶內，不過要注意剛擠出的乳汁需先行冷卻，才可倒入凍奶中。

Q21 我需要為嬰兒掃風嗎？

這必須有賴你自己去觀察而做出決定，因有些嬰兒在餵哺後 5 至 10 分鐘，需要掃風，又有些嬰兒在換另一邊乳房餵哺前需掃風，也有些嬰兒，一餵完奶立刻需掃風。我的建議是，如果嬰兒在餵完奶後已睡着，就不需掃風將其吵醒。

Q22 如何為嬰兒掃風？

只要你伸展嬰兒的頸部，輕拍或撫摸背部，不需費太多時間為其掃風。如本書第 75 頁所示，教你三個如何為嬰兒掃風的姿勢。

Q23 餵乳後能為嬰兒洗澡嗎？

許多人建議在餵哺後不可洗澡，因會嘔奶，但為避免嬰兒在洗澡時飢餓哭吵，我主張洗澡前先餵 5 至 10 分鐘，消彌嬰兒的飢餓感。這樣對父母來說，為嬰兒洗澡的時間反變為歡樂的時刻，又不會嘔奶。

Q24 我應如何斷奶？

你需花費一周或長些的時間去為你的嬰兒斷奶，每日逐漸遞減餵哺一次，這樣你乳汁的分泌量會漸漸降至最低。

Q25 流奶是否正常？

正常——在餵奶時間，如果一面餵嬰兒，而另一面乳房流奶是正常的。

不正常——時常流奶，小心是乳腺阻塞的現象。

Q26 現在餵嬰兒要不要戴胸罩？

需要。戴胸罩也是一門學問，太鬆和太緊都可能使乳房出現乳腺阻塞的問題。要戴合適、可以承托乳房、下半部較鬆、沒有鐵線的胸罩。

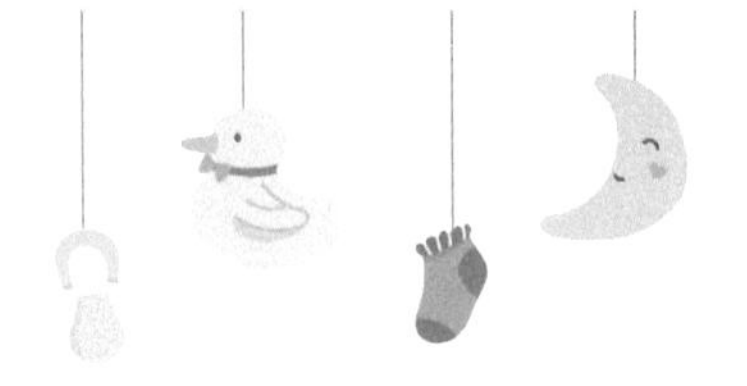

Q27 餵母乳可否餵水？

不需要。因母乳 80% 是水，20% 是營養，尤其是初生嬰兒餵了水，就少吃一頓奶，可能會影響體重。

Q28 什麼是成長期（growth spurt）？

每個嬰兒會有三個成長期，第一次發生於第二或第三星期其中一天，第二次是第五或第六星期的其中一天，第三次是嬰兒約 3 個月大時的其中一天。當天，嬰兒會每小時也要吃母乳，大部分母親會感覺母乳不足，於是就補餵奶粉，這是非常錯誤的做法。嬰兒明白供求原理，希望可以幫母親增加奶量，所以才會每小時都想吃母乳，刺激母親的乳房。這種情形通常只維持不夠一天，不正常的情況下，可能會少至 12 小時，更可能長至 36 小時。

Q29 乳頭上出現白點，如何處理？

小心是乳腺阻塞。應用熱水稍敷，用手慢慢推擠出乳汁，如果不成功，必要時需看醫生，用針剔走白點，待乳汁流出。

Q30 乳頭上有白色的一片膜，很痛，但乳頭又沒有受傷，那到底是什麼？

可能是念珠菌。此時你要盡快帶同嬰兒去看醫生，因嬰兒口腔內可能也感染到這種菌。有必要的話你要吃藥。

Q31 嬰兒 3 星期大，但這幾天不肯吮奶，是什麼原因？

原因很多，例如沒有奶或吃太多等，但念珠菌也會令嬰兒不肯吮奶，所以應小心檢測嬰兒口腔或舌頭上可有白點，那些白點用水洗不掉，而且令嬰兒感到很疼，所以不肯吸吮。若發現要盡快看醫生。

Q32 嬰兒只有 6 個月大已開始吃固體食物，已經 3 天沒大便，如何處理？

嬰兒初期轉吃固體食物時多數會發生此類情況，可以多給點水分及幫他按摩肚子，多餵點母乳。

Q33 嬰兒現時 4 個月大，全母乳，但這幾天沒大便，什麼原因？如何處理？

如果是全母乳，可以説這情況是正常的。有些嬰兒每四五天才大便一次也是正常。但母親們也需要小心嬰兒的大便習慣，如發覺嬰兒很不舒服，可以按摩肚子，而母親也要多吃些蔬菜水果等食物。

Q34 乳頭短，可否用乳頭護膜幫助？

餵母乳時，乳頭長短不會影響餵哺，如用乳頭護膜會令嬰兒混淆不清，並出現母乳流出不順暢及乳腺炎或奶量慢慢減低的問題。

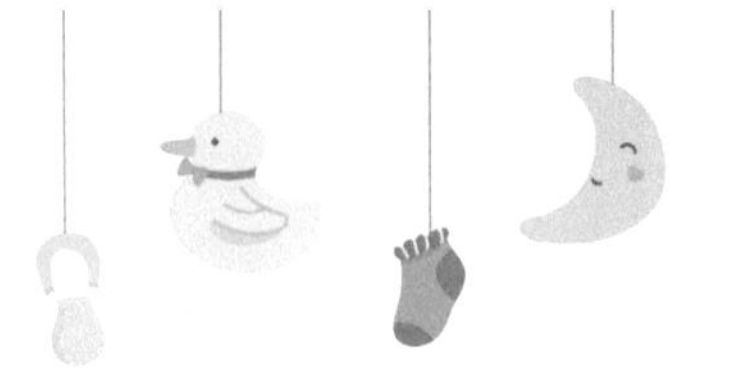

Q35 如果餵母乳的母親有傷風，可否吃藥？

要請教醫生，依醫生指示。

Q36 如何知道嬰兒吸吮母乳的姿勢是正確的？

（1）沒有痛。

（2）乳頭沒有損傷。

（3）乳頭沒有變形。

（4）嬰兒每吸 2 至 3 下有一次嚥奶的動作。

（5）吸吮時應見到嬰兒耳朵在動，而不是面頰在動。

Q37 是否要為嬰兒清潔鼻子？

鼻子不清潔會影響嬰兒吸吮，香港的空氣較差，父母每天至少要用暖水及棉花條為嬰兒清潔一次鼻子。切記，不可用棉花棒。

附錄

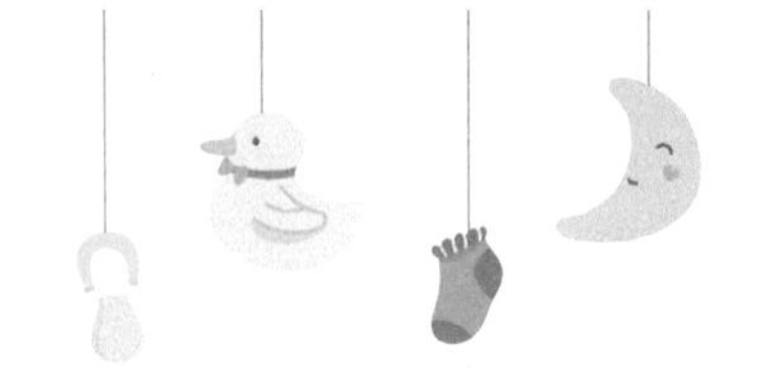

如何教導孩子

我的母親有 6 個子女，她對待我們 6 個也用不同的教法，很清楚在什麼時候要與我們説話。小時候，我時常説母親不聽我説話，我現在明白她不是不聽我説話，而是她聽兩句後，就知道我要説什麼，所以便不聽了。母親很清楚我們的性格，她很用心去做一位好母親，每位小孩子都餵母乳，有助了解小孩的性格和需要。我母親時常教導我們要尊敬長輩，身教與言教並行，她對我們的照顧可以説是無微不至。

現在許多父母親都説不會教小孩子，其實是因為他們出外工作，小孩子多由親友或家傭帶大，而放工後又沒什麼精神照顧小孩子，所以只好用物質去減輕自己的不安。不過，這種行為會令小孩子變得貪心，太輕易得到物質上的滿足，反而不懂珍惜父母的心。

在金錢掛帥的當今社會，現在的年輕父母尤其要學好怎樣教好自己的孩子。如父母本身尊敬老人家，友善對待朋友，孩子也會學到他們的優點。有一次與友人們出外旅遊，某位友人的兒子去請他起牀時，甫進房間便大叫「衰佬起身」，想必這位年輕人一定是學了他母親平時的行為。

教每一個小孩子都需要適當的方法，如果父母親早早明白兒女的性格，便可找出適用於孩子身上的教法。餵哺母乳除了可給予孩子最好的食物，也早點找出孩子性格的其中一個方法。有位全職母親對我說，直至孩子 1 歲多她才發覺，帶孩子到一個新的地方時，如果她之前已知道這個地方或活動的詳細資料，並先告訴或給孩子看圖片時，孩子便比較容易融入這個新地方，也肯與其他小孩子一起玩。以前她沒這樣做，孩子總是要母親抱着玩，如果不抱的話就哭得死去活來。

當然，做父母不容易，做一對好的父母更加難，太嚴厲怕會傷了孩子的自尊心，太寬鬆也不是方法。現代的父母教導小孩子需參考一些規則，例如如何稱讚小孩子。記得我妹妹當年教她 3 歲多的女兒時也很煩惱。她女兒每次玩什麼一定要贏，輸就哭，她哭我妹妹就會打。當時我只覺小孩子要慢慢教，因為小孩子在 3、4 歲時有股不能輸的霸氣，這在成長過程中是正常的。但當我看見以下的句子時，才知道我的想法錯在哪裏。我們教導小孩子時，稱讚時要注重人的德行，不能注重才華，否則容易增長他的傲慢心，使小孩子產生不服輸的心。但現在社會剛好把誇讚次序顛倒，「才能知識」在前，「德才兼備」在後。「德才」意謂有愛心、有禮貌、孝順父母、愛護兄弟姊妹等。

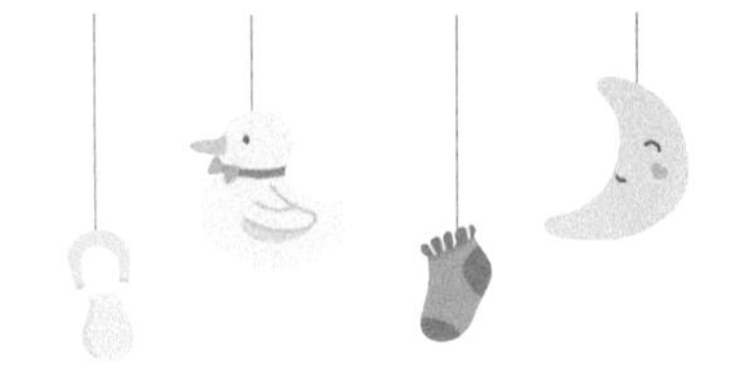

弟子規【附闡釋】

「弟子規」是聖人教子女要怎樣孝順父母的學問。為人父母者，先了解「弟子規」，才能以身作則，教導好自己的子女。

總叙

弟子規，聖人訓，首孝弟，次謹信。

【闡釋】本書的內容，是古代聖哲對學生的訓戒：首先就是要孝順父母，尊敬兄長，其次要謹慎約束自己的行為，對他人要誠實守信，不要染上不良惡習，如懶惰、喝酒、吸毒、賭博等行為。

汎愛眾，而親仁，有餘力，則學文。

【闡釋】關愛一切人，並親近道德高尚的人。能做好這些方面，如果還有餘力，就去學習文化知識。

入則孝

(1) 父母呼，應勿緩，父母命，行勿懶。

【闡釋】父母的呼喚，要即時回應；父母的吩咐，要立刻去做，不得偷懶。

(2) 父母教，須敬聽，父母責，須順承。

【闡釋】父母的教誨，要恭敬地傾聽；做錯了事，父母責備訓誡時，應當順從地接受。

(3) 冬則溫，夏則凊，晨則省，昏則定。

【闡釋】冬天要讓父母感到溫暖，夏天則讓父母過得清爽涼快，早晨要給父母請安，晚上要向父母問候。

(4) 出必告，反必面，居有常，業無變。

【闡釋】外出必告知父母，返回也必須要告知父母，居處也要固定，職業要盡量穩定。

(5) 事雖小，勿擅為，苟擅為，子道虧。

【闡釋】即使是小事情，也不要自作主張，一旦自作主張，就不符合為子之道了。

(6) 物雖小，勿私藏，苟私藏，親心傷。

【闡釋】即使是一些微不足道的東西，也不要私自把他們藏起來，一旦悄悄藏起來，品德就有缺失，父母知道後就會傷心。

(7) 親所好，力為具，親所惡，謹為去。

【闡釋】父母喜歡的事物，要努力準備齊全，父母不喜歡的事物，要小心謹慎地把它們處理掉。

(8) 身有傷，貽親憂，德有傷，貽親羞。

【闡釋】身體受到傷害，就會給父母帶來憂慮，品德上有污點，就會使父母蒙受恥辱。

(9) 親愛我，孝何難，親憎我，孝方賢。

【闡釋】父母愛我們，我們孝敬父母又有什麼困難呢？父母嫌棄

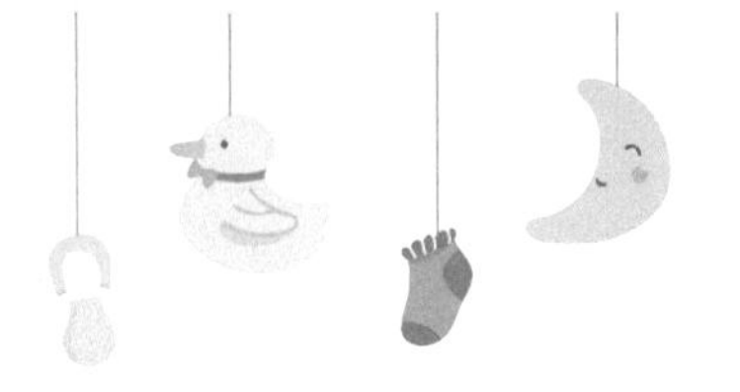

我們，我們還能盡孝道，這樣的孝才是難得。

(10) 親有過，諫使更，怡吾色，柔吾聲。

【闡釋】父母有了過錯，做子女的應該不斷規勸，規勸時態度要誠懇，語氣要溫和。

(11) 諫不入，悅復諫，號泣隨，撻無怨。

【闡釋】若父母不聽規勸，要等他們情緒好時再勸，若還是不聽，就要哭泣懇求，即使父母生氣，甚至打了自己，也不要怨恨。

(12) 親有疾，藥先嘗，晝夜侍，不離牀。

【闡釋】父母生病的時候，子女應當盡力地照顧，煎好的湯藥，做子女都要先嘗一嘗，一旦病情嚴重時，更要日夜服侍牀前，不離左右。

(13) 喪三年，常悲咽，居處變，酒肉絕。

【闡釋】父母去世後要守喪三年，寄託哀思，在守喪期間，不縱慾，不食肉，不飲酒。

(14) 喪盡禮，祭盡誠，事死者，如事生。

【闡釋】守喪要按照禮法去辦，祭祀時要表達出誠意。對待去世的長輩，要常常追思他們的好處。（原意應是無論父母是死或生，也應盡禮竭誠地對待他們。）

出則弟

(15) 兄道友，弟道恭，兄弟睦，孝在中。

【闡釋】兄長善待弟弟，弟弟尊敬兄長，兄弟和睦，就是對父母孝心的表現了。

(16) 財物輕，怨何生，言語忍，忿自泯。

【闡釋】與人相處不斤斤計較財物，怨恨就無從生起，説話忍讓，矛盾就自然消失了。

(17) 或飲食，或坐走，長者先，幼者後。

【闡釋】良好的生活教育要從小培養，不論用餐、就座或行走，都應該謙虛禮讓，長幼有序，讓年長者優先，年幼者在後。

(18) 長呼人，即代叫，人不在，己即到。

【闡釋】長輩有事呼喚人，應代為傳喚，如果那個人不在，應該主動去詢問有什麼可幫忙，不能幫忙時則代為轉告。

(19) 稱尊長，勿呼名，對尊長，勿見能。

【闡釋】稱呼長輩，不可以直呼姓名。在長輩面前，要謙虛有禮，不可以炫耀自己的才能。

(20) 路遇長，疾趨揖，長無言，退恭立。

【闡釋】路上遇見長輩，應向前問好。長輩沒事時，即恭敬退後站立一旁，等待長輩離去。

(21) 騎下馬，乘下車，過猶待，百步餘。

【闡釋】不論乘馬或乘車，路上遇見長輩，應停車下馬問候，若長輩要離去，則目視長輩離去約百步之遙，才可以離開，這是敬老尊賢的表現。

(22) 長者立，幼勿坐，長者坐，命乃坐。

【闡釋】長輩站着，晚輩就不可以坐下，長輩坐下以後，招呼你坐，你才可以坐下。

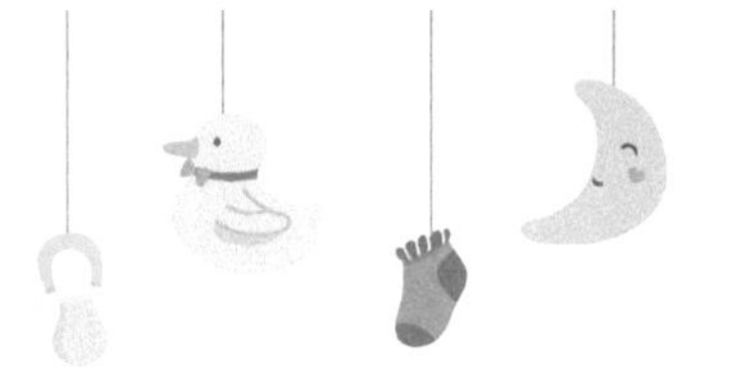

(23) 尊長前，聲要低，低不聞，卻非宜。

【闡釋】在長輩面前說話，要輕聲細語，但也不能太低，要是低到聽不清楚，那也是不合適的。

(24) 進必趨，退必遲，問起對，視勿移。

【闡釋】見到尊長的時候，走路要快些；告別尊長的時候，動作要慢些。長輩問話時要起身回答，目光恭敬，不左顧右盼。

(25) 事諸父，如事父，事諸兄，如事兄。

【闡釋】對待叔伯等父輩，要像對自己的父親一般孝順恭敬。對待堂兄表兄，要像對待自己的胞兄一樣友愛尊敬。

謹

(26) 朝起早，夜眠遲，老易至，惜此時。

【闡釋】清晨要早起，晚上要遲睡。時光易逝，要珍惜此時此刻。

(27) 晨必盥，兼漱口，便溺回，輒淨手。

【闡釋】早晨要洗臉洗手，還要刷牙漱口。大小便之後，馬上就去洗手。

(28) 冠必正，紐必結，襪與履，俱緊切。

【闡釋】要注重服裝儀容的整齊清潔，戴帽子要端正，衣服扣子要扣好，襪子穿平整，鞋帶應繫緊以免被絆倒，一切穿著以穩重端莊為宜。

(29) 置冠服，有定位，勿亂頓，致污穢。

【闡釋】放置帽子和衣服時，應當有一個固定的地方，不能隨便亂扔，把衣帽弄髒。

（30）衣貴潔，不貴華，上循分，下稱家。

【闡釋】穿衣服需注重整潔，不必講究昂貴、名牌、華麗。穿著應考量自己的身分及場合，更要衡量家中的經濟狀況，才是持家之道。

（31）對飲食，勿揀擇，食適可，勿過則。

【闡釋】日常飲食要注意營養均衡，不要揀飲擇食，更不能偏食，避免過量，危害健康。

（32）年方少，勿飲酒，飲酒醉，最為醜。

【闡釋】飲酒有害健康，青少年要遵守法律規定，未成年以前不可以飲酒。成年人飲酒也不要過量，喝醉時瘋言瘋語，醜態畢露，會惹出許多是非。

（33）步從容，立端正，揖深圓，拜恭敬。

【闡釋】走路時步伐應當從容穩重，不慌不忙，不緩不急。站立時要端正，抬頭挺胸，精神飽滿。問候他人時，不論鞠躬或拱手都要真誠恭敬，不能敷衍了事。

（34）勿踐閾，勿跛倚，勿箕踞，勿搖髀。

【闡釋】進門時不要踩在門檻上，站立時身體也不要歪歪斜斜的，坐時不要雙腳叉開，不要搖晃大腿，這些都是很輕浮、傲慢的舉動，有失君子風範。

（35）緩揭簾，勿有聲，寬轉彎，勿觸棱。

【闡釋】進入房間時，不論揭簾子或開門，動作都要輕緩，避免

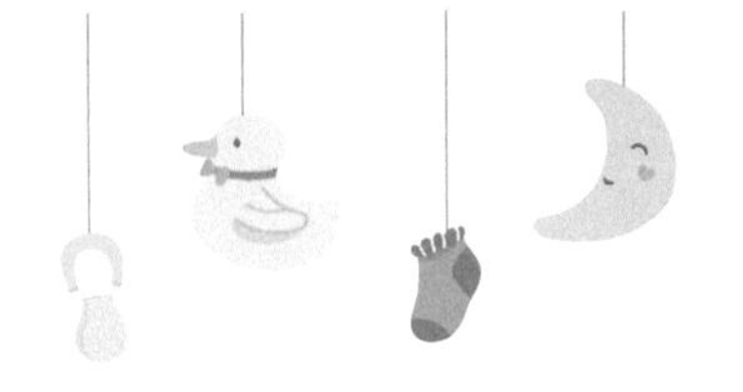

發出聲響。走到轉角處時，應小心慢行，以免撞到牆角或物體的稜角而受傷。

(36) 執虛器，如執盈，入虛室，如有人。

【闡釋】拿空的容器時，要像裏面裝滿東西一樣，小心謹慎以免摔碎、打破。走進沒人的房間，也要像有人在一樣，不可隨便。

(37) 事勿忙，忙多錯，勿畏難，勿輕略。

【闡釋】做事不要急急忙忙、慌慌張張，因為忙中容易出錯。不要畏苦怕難而猶豫退縮，也不可以草率敷衍了事。

(38) 鬥鬧場，絕勿近，邪僻事，絕勿問。

【闡釋】凡是起哄鬧事的場合，如賭博、色情等是非之地，要拒絕涉入，以免受到不良的影響。一些邪淫荒誕的事也要摒絕，不聽，不看，不要好奇地去追問，以免污染了善良的心性。

(39) 將入門，問孰存，將上堂，聲必揚。

【闡釋】進入別人家門前，首先要問一聲：「有人在家嗎？」準備進屋時，聲音要提高一些。

(40) 人問誰，對以名，吾與我，不分明。

【闡釋】當屋裏的人問是誰時，要將自己的姓名告訴對方，如果只回答「我」，對方就弄不清楚究竟是誰。

(41) 用人物，須明求，倘不問，即為偷。

【闡釋】使用別人的東西，必須明確地提出請求，假如不問一聲就拿去用，就等同偷竊。

（42）借人物，及時還，後有急，借不難。

【闡釋】借他人的東西，要愛惜使用，並在約定的時間裏歸還，以後若有急需，再借就不難。

信

（43）凡出言，信為先，詐與妄，奚可焉。

【闡釋】凡是說出的話，首先要講求信用。瞎話連篇，甚至欺騙或花言巧語，更是萬萬不可。

（44）話說多，不如少，惟其是，勿佞巧。

【闡釋】空話連篇，不如少說，要切題恰當，不要花言巧語。

（45）奸巧語，穢污詞，市井氣，切戒之。

【闡釋】立身處世應該謹言慎行，談話內容要實事求是，不要說花言巧語、諂言媚語、奸詐取巧、粗俗污穢的話語，街頭無賴粗鄙的語氣陋習，都不可以沾染。

（46）見未真，勿輕言，知未的，勿輕傳。

【闡釋】對於自己沒有觀察清楚的事，不要輕易亂說；對於自己沒有明確了解的事，不要隨便傳播，以免造成不良後果。

（47）事非宜，勿輕諾，苟輕諾，進退錯。

【闡釋】不合義理的事，不要輕易答應，如果輕易允諾，到時做不到，會使自己進退兩難。

（48）凡道字，重且舒，勿急疾，勿模糊。

【闡釋】凡是說話的時候，吐字要清晰流暢，語速不能太快，不能講得含糊不清。

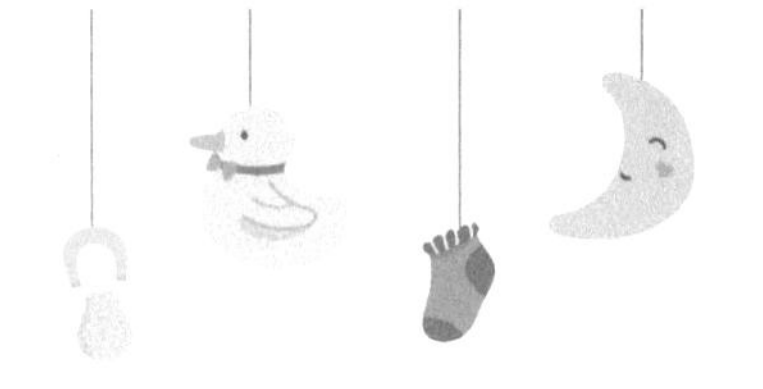

(49) 彼說長，此說短，不關己，莫閒管。

【闡釋】遇到有人在說三道四，聽聽就算了，要用智慧判斷，不要輕易受別人影響。與自己無關的事不要去干涉，以免介入不必要的是非。

(50) 見人善，即思齊，縱去遠，以漸躋。

【闡釋】看到別人有優點，就要向他看齊，即使和他相差得很遠，只要努力，下定決心，也會漸漸趕上他。

(51) 見人惡，即內省，有則改，無加警。

【闡釋】看見別人有邪思惡行，就要自我反省，檢討自己是否也有這些缺失，有則改之，無則加勉。

(52) 唯德學，唯才藝，不如人，當自礪。

【闡釋】品德、才能、技藝不如別人，應當自我惕勵、奮發圖強。

(53) 若衣服，若飲食，不如人，勿生慼。

【闡釋】至於外表穿著或飲食日用不如人時，則不必放在心上，更無須感自卑。

(54) 聞過怒，聞譽樂，損友來，益友卻。

【闡釋】如果聽到別人說自己的缺失就生氣，聽到別人稱讚自己就歡喜，那麼一些損友就會來接近你，真正的良朋益友反而逐漸疏遠退卻了。

(55) 聞譽恐，聞過欣，直諒士，漸相親。

【闡釋】如果聽到他人的稱讚，不但沒有得意忘形，反而會反躬自省，唯恐做得不夠好，繼續努力；當別人批評自己的缺失時，不但不生氣，還能歡喜接受，那麼正直誠信的人，就會漸漸喜歡來親近你了。

(56) 無心非，名為錯，有心非，名為惡。

【闡釋】無心之過稱為錯。若是明知故犯，有意故犯，便是知惡。

(57) 過能改，歸於無，倘掩飾，增一辜。

【闡釋】犯了錯誤而能夠主動加以改正，就會為人原諒。犯了錯反加以掩飾，那就是錯上加錯，罪加一等了。

汎愛眾

(58) 凡是人，皆須愛，天同覆，地同載。

【闡釋】人與人之間應該互相關心愛護，因為我們同是天地所化育覆載的，應該不分你我，互助合作，才能維持這個共生共榮的生命共同體。

(59) 行高者，名自高，人所重，非貌高。

【闡釋】一個行為高尚的人，他的名望自然會高，人們所看重的，並不只是外貌。

(60) 才大者，望自大，人所服，非言大。

【闡釋】有才能的人，處理事情的能力卓越，聲望自然不凡，然而人們所欣賞佩服的，是他的處事能力，而不是因為他善於誇耀。

(61) 己有能，勿自私，人有能，勿輕訾。

【闡釋】當你有能力可以為眾人服務的時候，不要自私自利，

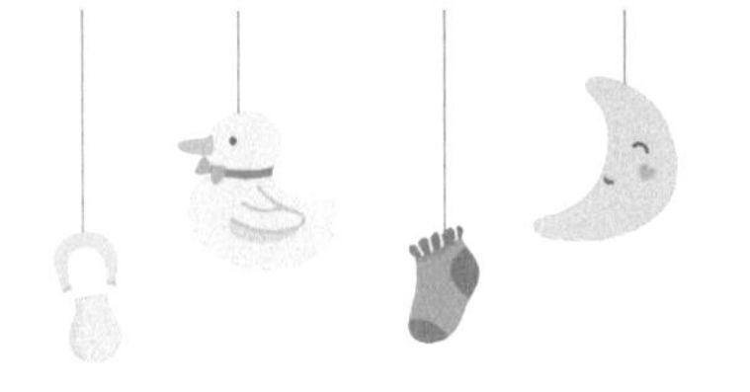

只考慮到自己，捨不得付出。對於他人的才華，應當學習、欣賞、讚歎，而不是批評、嫉妒、毀謗。

（62）勿諂富，勿驕貧，勿厭故，勿喜新。

【闡釋】不要巴結有錢人，不要輕慢窮苦者，不要一味厭棄故舊，不要盲目追逐新潮。

（63）人不閒，勿事攪，人不安，勿話擾。

【闡釋】當別人正在忙碌的時候，不要去打擾他。當別人心情不好或身心欠安的時候，不要閒言去干擾他，增加他的煩惱與不安。

（64）人有短，切莫揭，人有私，切莫說。

【闡釋】別人的缺點，不要去揭穿。別人的隱私，切忌去張揚。

（65）道人善，即是善，人知之，愈思勉。

【闡釋】讚美他人的優點或善行。當對方聽到你的稱讚之後，必定會更加勉勵行善。

（66）揚人惡，即是惡，疾之甚，禍且作。

【闡釋】張揚他人的過失或缺點，就是行惡，如果指責批評太過分了，還會為自己招來災禍。

（67）善相勸，德皆建，過不規，道兩虧。

【闡釋】朋友之間應該互相規過勸善，共同建立良好的品德修養。如果有錯不能互相規勸，則兩個人的品德都會有缺陷。

（68）凡取與，貴分曉，與宜多，取宜少。

【闡釋】財物的取得或給予，一定要分辨清楚明白，寧可多給別人，自己少拿一些，才能廣結善緣，與人和睦相處。

(69) 將加人，先問己，己不欲，即速已。

【闡釋】要將事物加到別人身上，或要託別人做事之前，先要反問自己：「如果換成是我，我願意嗎？」如果連自己都不願意，就要立刻停止。

(70) 恩欲報，怨欲忘，報怨短，報恩長。

【闡釋】受人恩惠要記得報答。別人有對不起自己的事，應該寬大為懷把它忘掉。怨恨不平的事不要記在心中太久，過去就算了。別人對我們的恩德，則要銘記在心，感恩不忘，常思報答。

(71) 待婢僕，身貴端，雖貴端，慈而寬。

【闡釋】對待家中的婢女與僕人，要注重自己的品行端正並以身作則。雖然品行端正很重要，但是仁慈寬大更可貴。

(72) 勢服人，心不然，理服人，方無言。

【闡釋】如果仗勢強迫別人服從，對方難免口服心不服。唯有以理服人，別人才會心悅誠服，沒有怨言。

親仁

(73) 同是人，類不齊，流俗眾，仁者希。

【闡釋】同樣是人，善惡邪正、心智高低卻是良莠不齊。受風氣流俗影響的人多，仁慈寬厚的人少。

(74) 果仁者，人多畏，言不諱，色不媚。

【闡釋】如果是真正有仁德的人，大家自然敬畏他，因為他說話

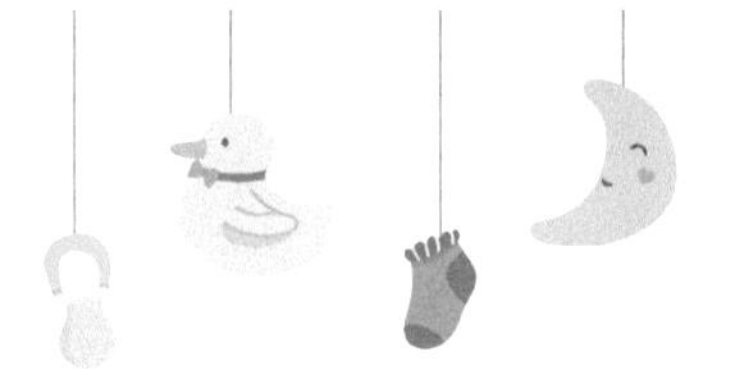

公正無私沒有隱瞞，又不討好他人，所以大家自然會起敬畏之心。

(75) 能親仁，無限好，德日進，過日少。

【闡釋】能夠親近仁德的人，向他學習，是很幸運的事，因為他會使我們的德行一天比一天進步，過錯也跟着一天天減少。

(76) 不親仁，無限害，小人進，百事壞。

【闡釋】如果不肯親近仁人君子，就會有無窮的禍害，因為不肖的小人會趁虛來接近我們，日積月累，我們的言行思想都會受到不良的影響，甚至使整個人生走入錯誤的方向。

餘力學文

(77) 不力行，但學文，長浮華，成何人。

【闡釋】不能身體力行孝、悌、謹、信、汎愛眾、親仁這些本分，一味死讀書，縱然有些知識，也只是增長自己浮華不實的習氣，變成一個不切實際的人，如此讀書又有何用？

(78) 但力行，不學文，任己見，昧理真。

【闡釋】如果只是謹守教誨，卻不肯讀書學習，就容易因不明事理，而依自己的偏見行事，造成錯誤而不自知，這也是不對的。

(79) 讀書法，有三到，心眼口，信皆要。

【闡釋】讀書的方法要注重三到：眼到、口到、心到，三者缺一不可，如此方能收到事半功倍的效果。

(80) 方讀此，勿慕彼，此未終，彼勿起。

【闡釋】研究學問要專一、專精才能深入，不能這本書才開始讀沒多久，又欣賞其他的書，想看其他的書，這樣永遠也定不下心把一本書好好深入讀通。必須把一本書讀完，才能再讀另外一本。

(81) 寬為限，緊用功，工夫到，滯塞通。

【闡釋】在訂定讀書計劃的時候，不妨寬一些，實際執行時，就要加緊用功，嚴格執行，不可以懈怠偷懶。日積月累功夫深了，原先窒礙不通、困頓疑惑之處，自然而然都迎刃而解了。

(82) 心有疑，隨札記，就人問，求確義。

【闡釋】求學當中，心裏有疑問時，應隨時筆記，一有機會，就向良師益友請教，務必確實明白它的真義。

(83) 房室清，牆壁淨，几案潔，筆硯正。

【闡釋】書房要整理清潔，牆壁要保持乾淨。讀書時，書桌上筆墨紙硯等文具要擺放整齊不凌亂，觸目所及皆是井然有條，才能靜下心來讀書。

(84) 墨磨偏，心不端，字不敬，心先病。

【闡釋】古人寫字使用毛筆先要磨墨，如果心不在焉，墨就會磨偏了。寫出來的字如果歪歪斜斜，就表示你浮躁不安，心定不下來。

(85) 列典籍，有定處，讀看畢，還原處。

【闡釋】書本應該分門別類，排列整齊，放在固定的位置，閱讀完畢須歸還原處。

(86) 雖有急，卷束齊，有缺壞，就補之。

【闡釋】雖有急事要離開，也要把書本收好再離開。書本是智慧的結晶，有缺損就要修補，保持完整。

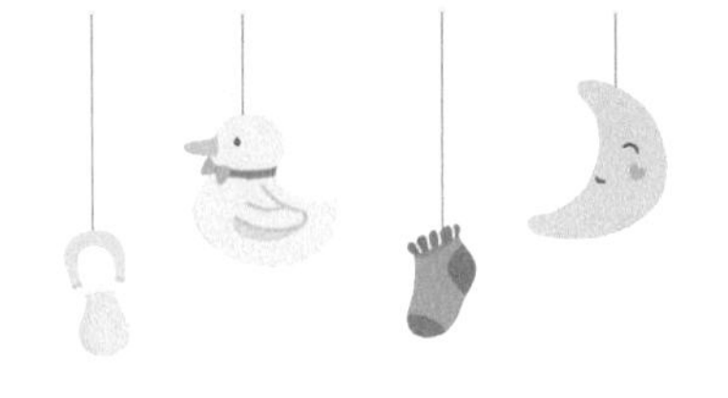

(87) 非聖書，屏勿視，蔽聰明，壞心志。

【闡釋】不是傳述聖賢言行的著作，以及有害身心健康的不良書刊，都應該摒棄不看，以免身心受到污染、智慧遭受蒙蔽、心志變得不健康。

(88) 勿自暴，勿自棄，聖與賢，可馴致。

【闡釋】遇到困難或挫折的時候，不要自暴自棄，也不必憤世嫉俗、怨天尤人，應該發奮向上努力學習。聖賢境界雖高，循序漸進，也是可以達到的。

特別鳴謝：香港無量光淨宗學會

這樣哺乳才正確

給新手媽媽的母乳育嬰手冊

作　　者：許美蓮
助理出版經理：林沛暘
責任編輯：陳志倩、劉紀均
繪　　畫：Kyra Chan
美術設計：張思婷
出　　版：明窗出版社
發　　行：明報出版社有限公司
香港柴灣嘉業街 18 號明報工業中心 A 座 15 樓
電　　話：2595 3215
傳　　真：2898 2646
網　　址：http://books.mingpao.com
電子郵箱：mpp@mingpao.com
版　　次：二〇二三年十一月初版
I S B N ：978-988-8829-16-3

© 版權所有 · 翻印必究

本書為許美蓮女士著作《母乳育嬰手冊》之增訂版。

本書之內容僅代表作者個人觀點及意見，並不代表本出版社的立場。本出版社已力求所刊載內容準確，惟該等內容只供參考，本出版社不能擔保或保證內容全部正確或詳盡，並且不會就任何因本書而引致或所涉及的損失或損害承擔任何法律責任。